21世纪全国高等院校艺术设计专业 [规划教材] GUIHUA JIAOCAI

ZHONGWENBAN PHOTOSHOP CC 2015
TUXIANG SHEJI SHIXUN JIAOCHENG

中文版 Photoshop CC 2015 图像设计实训教程

主　编　刘会军（韩山师范学院）

副主编　罗维安（华中科技大学文华学院）
　　　　陈　罡（广东青年职业学院）
　　　　沈云霄（广东女子职业技术学院）
　　　　郭　燕（韩山师范学院）

西南交通大学出版社
·成都·

内容简介

本书从艺术设计学科视角出发，介绍了 Photoshop CC 2015 的重点工具、命令以及 Photoshop 职业技能考试的要求，以案例的形式介绍了其在设计领域的应用，旨在快速引导读者提升软件的图像创意设计能力。

本书结构合理、内容全面、图文并茂、案例丰富，适合作为大学设计学科各个专业的教材，也可以作为图像爱好者的自学参考书。

图书在版编目（CIP）数据

中文版 photoshop cc 2015 图像设计实训教程/刘会军主编. —成都：西南交通大学出版社，2016.8
21 世纪全国高等院校艺术设计专业规划教材
ISBN 978-7-5643-4956-1

Ⅰ. ①中… Ⅱ. ①刘… Ⅲ. ①图象处理软件 – 高等学校 – 教材　Ⅳ. ①TP317.413

中国版本图书馆 CIP 数据核字（2016）第 200745 号

---

21 世纪全国高等院校艺术设计专业规划教材

中文版 Photoshop CC 2015 图像设计实训教程

主编　刘会军

责 任 编 辑	黄庆斌
封 面 设 计	墨创文化
出 版 发 行	西南交通大学出版社 （四川省成都市二环路北一段 111 号 西南交通大学创新大厦 21 楼）
发 行 部 电 话	028-87600564　028-87600533
邮 政 编 码	610031
网　　　　址	http://www.xnjdcbs.com
印　　　　刷	成都市白马印务有限公司
成 品 尺 寸	210 mm × 285 mm
印　　　　张	10.5
字　　　　数	259 千
版　　　　次	2016 年 8 月第 1 版
印　　　　次	2016 年 8 月第 1 次
书　　　　号	ISBN 978-7-5643-4956-1
定　　　　价	49.00 元

图书如有印装质量问题　本社负责退换

版权所有　盗版必究　举报电话：028-87600562

前言 PREFACE

设计学科跨越多个领域，艺术设计是一种认识事物的思维，数字媒介体现了美与技术的融合。Photoshop 是数字图形图像处理软件，应用领域广泛。

本书章节和内容体系安排有别于其他版本的教材，注重软件实践案例与应用操作，内容浅显易懂，着重介绍了软件常用和新增的命令，注重实践操作与创意设计。在本书编写过程中，几位老师理论联系实践，结合教学多次修改案例，帮助读者全方位了解图像设计表现，以提高实战能力。读者通过本书学习，能对 Photoshop 有一个全新的认识。

本书由韩山师范学院刘会军老师任主编，华中科技大学文华学院罗维安老师、广东青年职业学院陈罡老师、广东女子职业技术学院沈云霄老师、韩山师范学院郭燕老师任副主编。另外，本书在编写过程中得到了渤海大学高昕老师、桂林旅游学院王正红老师、赵文强设计师、高晔利设计师、段红均设计师、延杨红同志等大力支持，在此我表示衷心感谢！

限于水平和时间，书中难免有疏漏的地方，希望广大朋友批评、指正，我们全力改进，在以后的工作中加强与提高。

本书的素材仅限于本书购买者学习使用，不得用于其他用途。

编　者

2016 年 3 月

目录 CONTENTS

第一章 Photoshop 图像处理基础 ·· 1
    第一节 图像设计关键词和流程 ·· 1
    第二节 认识 Photoshop CC 2015 ·· 15
    本章小结 ·· 20
    思考题 ·· 20

第二章 Photoshop CC 2015 图像处理方法 ·· 21
    第一节 Photoshop CC 2015 工具箱命令 ·· 21
    第二节 Photoshop CC 2015 菜单栏命令 ·· 43
    本章小结 ·· 97
    思考题 ·· 97

第三章 Photoshop CC 2015 实训案例 ·· 98
    第一节 插　画 ·· 98
    第二节 橙子果茶广告设计 ·· 112
    第三节 图像处理 ·· 124
    第四节 界面设计 ·· 131
    本章小结 ·· 139
    思考题 ·· 139

第四章 Photoshop 考证练习 ·· 140
    第一节 国内相关考证简介 ·· 140
    第二节 考试相关试题理论 ·· 143
    第三节 考试相关的实践 ·· 144
    本章小结 ·· 157

第五章 Photoshop CC 2015 应用设计作品欣赏 ·· 158
    本章小结 ·· 160
    思考题 ·· 160

参考文献 ·· 161

第一章

Photoshop 图像处理基础

本章导读

以图文互补的形式论述图像基础知识和 Photoshop CC 2015 图像辅助设计常用面板，帮助读者认识 Photoshop 系列软件，熟悉 Photoshop CC 2015 的安装及其常用快捷键，为使用本软件从事计算机艺术设计打下基础。

学习目标

设计图形必须熟悉图像基础知识，并且能够了解用 Photoshop CC 2015 进行设计的常用面板、操作菜单和工具。

随着数字技术的迅猛发展，Photoshop 系列软件在不断地更新版本，为各个层次的用户从事创意设计提供无限空间。Photoshop CC 2015 是 Adobe 公司平面图形图像处理软件，为不同门类的艺术设计提供技术创意支持。其中文版本具有操作简便、功能强大、应用广泛的特点，受到很多人的喜欢。不同的专业对于图形图像的处理，往往要结合其他软件进行深入学习。本书所有章节所举案例以 Photoshop CC 2015 版本软件操作为主，对于从事艺术设计的人来说，只要有计算机软件基础就可以大胆使用本书，不必考虑软件版本差异而影响设计。

第一节　图像设计关键词和流程

数字图形图像是人们认识外界事物的一种专业化理性概念，带给我们深远的影响。对于图像的认识需要我们与时俱进地更新。从古至今，传统文化和民族艺术作为一个有思想感情的精神符号感染着我们，不管是什么样的视觉创意图像，都有一定的寓意。我们学习古人的美术作品，希望透过图形的表象发掘作品内在的精神内涵，研究图形之间的构成关系。如今，文化创意产业迅猛发展，计算机产业也推动艺术设计的发展，我们对于图像的理解远远超过符号、图像本体的意义。创意思维跨界延伸，不同时空语境的图像可以互动展示在一个画面中。我们提倡设计学要面向未来，从创意到产业来表现图像的深层次价值，这也是设计教育的核心。多学科交叉的研究方式有助于我们形成现代设计思维,从不同的角度发现形态的多重意义,设计就是要重新审核图像的形和意带给我们的新意境。

当代视觉图形交流随着文化产品的规模化生产,跨越了民族和地域的界限,大量的图像被机械复制。然而,设计师的观念、知识累积时而被产业化的设计需求影响,来自于人内心世界的想法让步于经济利益关系,优秀的创意设计正在成为一种稀缺的资源。通过本章节的学习,我们能理解视觉传达设计的基础。

一、图 形

人类社会的各个历史时期都有丰富多彩的图形,图形来自古希腊文"graphikos",图形的英文是"graphic"。"CG"这个词原形是 Computer Graphics,主要指图形生产的相关产业。综上所述,图形的概念比较宽泛,自然、人文范围之内一切视觉可见的形象都是图形,分割为由点、线、面、体构成的视觉符号,向人们阐述某种观念或者思想,图形的构成内涵区别于绘画艺术,如图 1-1 所示,有意识或者目的阐释某种主题的图形,可以是信手拈来的涂鸦,这种图形也可以是一种介于绘画与设计之间的视觉符号。现代的图形设计多指人类为了一定目的创作可识别静态的视觉形象。图形设计也是理想化的符号,现代设计中可视的图形多表现设计个性和风格。

图形、语言、文字都是传播语言的载体,图形视觉信息的冲击力是口头语言和书面文字无法替代的。图形设计一定要独创、直观、准确反映现实。现代设计中图形的可读性、审美性、商业性特点强,图形有了创意,其生命力更强。

图 1-1 《车》(房子琪)

图 1-2 《圣诞人》(刘彬旭)

二、形 式

人类社会的劳动促进了思维发展,思维对外在事物的抽象能力促使形式出现。从古代留在石头、甲骨、陶瓷、青铜等材料上的图形可以看出艺术的雏形是什么?艺术形式建立在人类感知世界的劳动成果基础上,对自然界的认识在不断深入,艺术形式终究成为一种表现语言。我们从儿童画的视角能看出形式也是心理世界的实体存在,图像的形式往往是抽象绘图。如图 1-1、1-2 所示,形式转变成一种思维方式,构成有规律和特点的视觉形式美。

图形创意设计一定要强化学生的表现技能,充分发挥其想象力。个性化的艺术语言表现形态之间的关系,如图 1-3、1-4 所示,从简单的手绘表现自己想法,个人的想象力跃然而出,这种图形的艺术创造力个性依靠形式的感悟能力来表现。

图 1-3 《环境效果图》(郑培钿)

图 1-4 《室内设计》(周宇珊)

三、图　像

图像数字化处理的主要内容包括：增强、变换、识别、理解、恢复、重建、隐藏等。数字图像处理软件在我们生活中应用非常普遍。随着数字时代到来，新的媒介产品出现，传统的图形传播方式发生改变，图像成为事物的动态存在方式，尤其在多媒体语境中，图像多指动态的多媒体影像，我们可以用三大构成的原理分析画面构图关系。在数字媒介设计中，图形、文字、动画、角色、音乐等融为一体以调动观众的视听体验。如图1-5所示，影视分镜头模板提供了一个分析故事内容的画面组合关系例子，我们在计算机软件辅助设计中，常常混用图像与图形。

镜号	时间	视觉画面	内容	镜头变化	旁白	字幕	对白	音乐	音响
1									
2									
3									

图 1-5　分镜头脚本

四、符　号

符号是我们认识事物性质特征的媒介，记录了劳动生产的情感和意志，有别于自然或者物理信号。艺术设计语言是一种视觉符号，符号的能指与所指被赋予审美意义，艺术设计就是各种符号的重新组合与发现。图像与图形都是符号，在不同的媒介中，其指代意义与用途有区别，字体设计如图1-6所示。

图 1-6　字体设计

五、媒　介

当代传播媒介总是能提供公众想要的东西，视觉图像存在于传播媒介，媒介就是记忆的载体，物质性的记忆手段。新的技术使用，打破旧媒体的限制，媒介被定义为多媒体的整合，为设计艺术的发展提供了无限的可能。在麦克卢汉看来：媒介即是讯息，也是人的延伸，不管媒介是什么，都能实现人的设计意志。当代设计，数字媒介把技术和艺术联系在一起，虚拟化的信息转换为视觉现实。计算机技术的发展吸收了所有媒介的优势，创造了一个独立的媒介系统，为视觉图形的传播带来了便利，Photoshop 能够为很多媒介设计图形。

六、位图和矢量图

计算机图像类型大致可以分为矢量图和位图。Photoshop 处理的位图主要应用于平面设计、数码照片、效果图、界面、网页等。

（一）位　图

位图色彩丰富、过渡自然，进行编辑、加工并运用一些效果，如 Painter 使用像素存储信息。位图图像越清晰，占用的空间越大。每一个像素都有一个固定的位置和颜色，不同的像素组合构成一幅图像，图像的缩放会有失真现象，如 Windows 自带的画板工具。如图 1-7 所示，绘画局部放大以后的效果。

（a）《会飞的鱼》（郭燕）　　　　　　　（b）位图文件放大以后的局部效果

图 1-7　位图及其放大效果

（二）矢量图

矢量图与分辨率无关，线条具有光滑、流畅，图像占用磁盘空间相对小的特点。用矢量图来存储图像信息，缩放不会产生失真现象。矢量图可以按照自己的构思创意通过 Illustrator、Coreldraw、Autocad 等图形软件创建和处理，VI 识别手册基本应用部分图形如图 1-8 所示。

图 1-8 《VI 识别手册》（刘富鑫）

七、像素和分辨率

像素是位图的最小组成单位，通常为正方形，以行和列的方式排列。像素点越多，包含单位信息就越丰富，图像文件尺寸就越大，占用的存储空间就越多。像素总量=宽度×高度（以像素点数计算），文件大小=像素总量×单位像素大小。像素的单位是 ppi（pixels per inch），即每英寸所包含的像素数量。如果图像分辨率是 300 ppi，就是在每英寸长度内包含 300 个像素。图像分辨率越高，每英寸包含的像素越多，图像就有越多的细节，颜色也就细腻平滑。

分辨率是指位图在单位长度内包含像素的数量，常用单位是像素/英寸。显示器分辨率是指图像在显示器等设备显示时，单位长度包含显示点的数量，单位是点/英寸，即 dpi。打印分辨率是指打印机在输出图像时，单位长度上产生的油墨点数，单位是点/英寸，即 dpi，如图 1-9 所示。如果不断地放大图，我们就会看到画面局部出现马赛克效果。在数字媒体环境下，颜色、图像、分辨率是图像设计基础核心知识，对于图像有关的设计软件来说，分辨率与尺寸大小，与图像的输出质量密切相关。平面或者视频类的图像分辨率越高，则图像越清晰。反之，可能出现如图 1-10 所示效果，所以，艺术设计一定要提高图像的分辨率。

图 1-9 《北方的天》（刘会军）

图 1-10 《人物绘画》（余礼扬）

八、色彩模式

对图像的对比度、灰度、色相、饱和度、明暗度等颜色层次调整，其颜色设定分别由数字表示，也可以根据图像要求确定合适的颜色模式。在软件图像菜单下面可以实现多种颜色模式转换，色彩模式可以选择"图像---模式"命令相互转化，在打印输出时，主要是 CMYK 颜色模式。

RGB 模式分别由代表红、绿、蓝的三色光以不同的比例混合而成。HSB 是依据颜色的色相、饱和度和亮度来定义图像色调。CMYK 是我们通常所说的四色印刷，分别代表青、品红、黄、黑。灰度模式指颜色由 8 位数据组成，由 256 级灰度记录颜色。Lab 彩色模式是通过一个光强和两个色调来描述图像色调。灰度模式：即只用黑色和白色显示图像，像素 0 值为黑色，像素 255 为白色。如图 1-11 所示为软件常用调色。

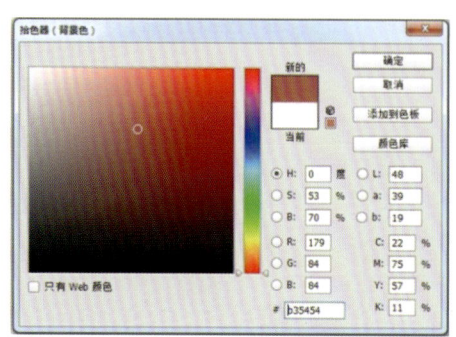

图 1-11 软件常用调色　　　　　　　　　图 1-12 输出格式

九、常用输出文件格式

常用的文件格式包括 TIF、PSD、BMP、GIF、JPEG、PNG、TGA、PCD、EPS、PCX、PDF 等，软件输出格式如图 1-12 所示。

TIF 是比较保险的标签图像文件格式，支持 RGB、LAB、CMYK、灰度等颜色模式和位图模式。EPS 格式文件最大优点在排版软件中是以低分辨率预览，而在打印时以高分辨率输出。PSD 格式包含图层、通道、颜色，能够保留所有原来的图像信息。BMP 是 Windows 标准的点阵式文件格式，支持 RGB、索引颜色、灰度和位图颜色模式。JPEG 是一种压缩率最高的格式，可跨平台操作，保留 RGB 图像所有颜色信息，以失真最小的方式去掉一些细微信息。PNG 常用于网上的无损压缩和显示图像。PDF 是一种电子出版软件的文档格式，包含位图和矢量图，也包含电子文档查找和导航。TARGA 是以色彩通道方式组织的高质量图像。

新建面板的新增功能主要是在高级选项和新建文档预设，如图 1-13 所示。

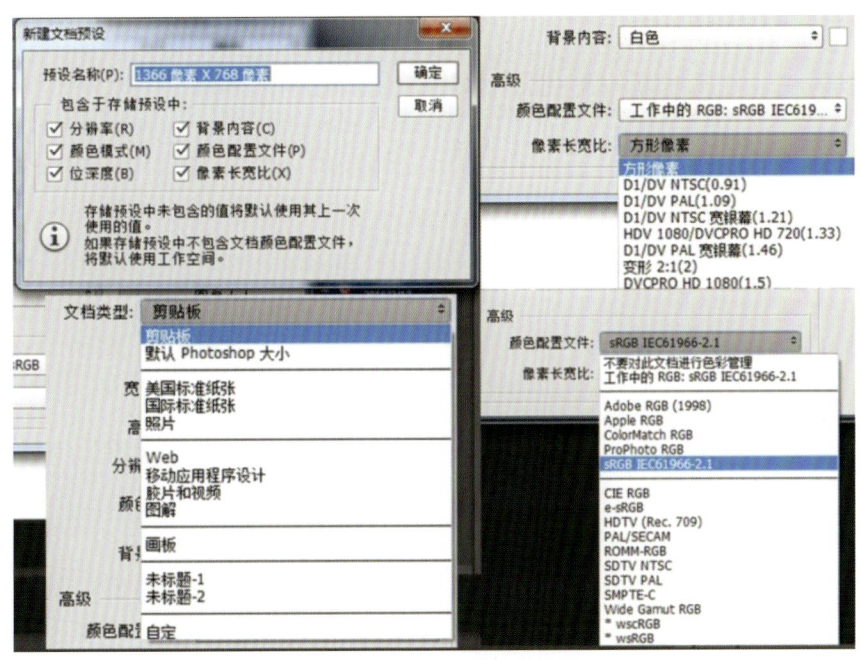

图 1-13 新建面板的新增功能

属性：（1）文档类型：预设新文件的类型，选择"Web"或者"移动应用程序设计"相关类型，此处显示为"画板大小"，可以预设画板尺寸。（2）背景内容：设置新文件的背景颜色。（3）颜色模式：选择新文件的颜色模式，在右侧选择新文件的位深度，确定使用颜色的最大数量。（4）存储预设：当前设置参数保存成预制选项。

技巧：按住快捷键 Ctrl+Alt+N：得到最近一次新建文件尺寸。

十、图像处理主要面板简介

在默认情况下，软件显示某些面板。通过窗口菜单也显示或者隐藏面板。面板包括颜色、色板、样式、导航器、信息、图层、通道、路径、历史记录、动作、工具预设、字符、段落。

（1）通道用来保存颜色信息以及选区的载体，存储图像颜色信息，以黑、白、灰 3 色显示。通道可简单分为彩色、alpha、复合、矢量、专色通道。主要功能是存储图像色彩、创建选区、抠图。通道面板主要有载入、存储、新建、删除按钮，详见通道面板。在计算机软件中，我们利用计算的原理实现各种复杂的画面效果，通道能够做出绚丽的效果。

（2）蒙版类似在图层上方添加一个透明的层以遮挡像素。常见的有图层、剪贴、矢量蒙版。利用蒙版进行图像合成，要注意两幅图像的质量不可以差距太大，图像内容的视角、画面基本亮度一致。实践操作中黑色透明、白色不透明，两者颜色相反，可以改变蒙版的效果。图层蒙版功能是无痕拼接、局部替换、配合调整图层局部图像、复杂边缘抠像、灰度蒙版调整图像。

（3）路径主要作用是辅助绘图、抠图、矢量蒙版。路径经常使用钢笔工具创建，还可以使用选区和形状工具创建，详见路径面板。路径选择工具和直线选择工具互相配合可以调整路径形状。路径面板主要有填充、转换、新建、删除命令按钮。

（4）图层相对独立，常见的类型有：背景、普通、调整、填充、文字、形状等，可以进行编辑、合并、合成、翻转、复制、移动等操作，来控制透明度以及改变图层的属性。常见的颜色模式属性如正常、溶解、变暗、正片叠底、变暗、滤色、叠加等。所有的图像操作都可以在图层面板控制。图层通常与绘图工具、菜单工具结合使用。图层样式能够创造出非常特殊的效果。Photoshop 中组成画面的颜色被单独记录在一个单独的通道中，通道主要功能是存储图像色彩资料和存储选区，设计更好的图像效果。在"图层"面板顶部，使用新的选项可快速地在复杂文档中找到关键层，可以使用"属性"面板快速修改"图层"面板中选择的图层组件。蒙版相当于给图像增加一层保护膜，隔离和保护图像的其他区域而不能被编辑，图层应用效果如图 1-14 所示。多种图层样式可以在同一图层中叠加，同一样式最多叠加 10 个，实践中图层顺序与图层样式要结合才可以制作复杂的效果图像。每次操作都要基于一个图层，必须正确选择目标图层，而快捷键可以辅助操作。

图 1-14　插画调色（陈瑾）

第一章 Photoshop 图像处理基础

（5）以前的 Photoshop 版本的画板作为处理图像的有效范围，但设计师必须使用两个显示器，只能在一个画板作画。随着数字媒体设计的增加，工作界面需要多个 PSD 文件画面，以适应不同尺寸的设计。画板就是在组上多一层嵌套，同一个组不能共存于两个画板，画板与画板是层级关系，不能是一个画板嵌套另外一个画板，新建画板有三种方式：直接新建、根据图层新建、根据组新建。图层与画板支持多界面无障碍设计。

（6）要掌握 Photoshop，必须要学会选择、填充、图层、文字、常用滤镜、图像、路径、通道、蒙版、历史记录、颜色面板、样式面板、直方图、字符面板、状态栏等工具的使用。通过学习，希望大家在 Photoshop 的图像、插画、网页、效果图等方面应用有突破。

十一、工作界面

Photoshop CC 2015 工作界面如图 1-15 所示，针对各种设计用途（如原画师、摄影师、UI 设计师、平面设计师、WEB 设计、平面设计、室内设计等）可以选择相应的界面（如基本功能、3D、动感、绘画、摄影、排版规则）。切换功能具体位置在软件的右上角，针对不同的用途，新的工作界面有对应的面板，软件设计似乎借鉴了三维软件的风格，从而显得功能更加强大。工作界面主要包括标题栏、工具属性栏、应用程序栏、菜单栏、状态栏，比较重要的是菜单栏与工具箱，Photoshop CC 2015 共计十一类动作菜单，下拉菜单下面有二级菜单，如图 1-16 所示。具体用法可多实践，用户可通过多总结设计经验可提炼设计思路，形成个人设计风格。黑色的三角形意味着后面有其他的工具，当移动鼠标到工具上面，单击右键可以显示其他工具，工具箱可以使用 Tab 键显示或者隐藏，工具栏如图 1-17 所示。

图 1-15　Photoshop CC 2015 工作界面

提示：要掌握 Photoshop，必须要学会选择、填充、图层、文字、常用滤镜、图像、路径、通道、蒙版、历史记录、颜色面板、样式面板、直方图、字符面板、状态栏等工具的使用。通过学习，希望大家在 Photoshop 的图像、插画、网页、效果图等方面应用有突破。

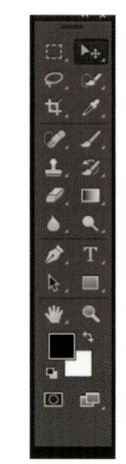

图 1-16　十一类操作菜单　　　　　　　　　　　　图 1-17　工具栏

技巧：Photoshop CC 2015 增加了灵活伸缩状态，界面操作更加快捷，在很多面板和工具后面都有两个三角形图标按钮，菜单栏工具的三角形意味着该命令组下面还有其他命令，如图 1-18 所示。

图 1-18　菜单栏

状态栏位于窗口工作区底部，主要作用是显示当前图像的基本状态，从左往右依次是图像显示比例、文档大小、图像的其他信息，如图 1-19 所示。

图 1-19　状态栏

熟悉了软件操作界面，试做一个案例图像调整，效果如图 1-20 所示。

图 1-20　《生活哲思》（高晔利）

第一章　Photoshop 图像处理基础

图 1-21　《三维水墨竹子》（刘会军）

图 1-21 采用三维软件建模，并赋予简单的材质，在 Photoshop 中实现最终效果。

十二、选择合适的图像文件存储格式

关于运用图像、图层、文字、滤镜、3D 菜单对图像进行数字化设计，在此就不详细讲述。图形创意广泛应用于各个设计学科，如平面、界面、插画、网页、绘画与数码艺术、摄影、动画与 CG、设计、效果图，Photoshop 辅助设计要选择适合专业设计需要的文件格式。如图 1-22、1-23 所示，可以使用 psd 格式存储或者在 Photoshop 中修改。静止的画面还可以使用 JPEG、PNG、TIF、BMP 格式保存文件。在制作动态画面的时候，Photoshop 多做辅助工作，如在三维动画设计中可以画贴图。

图 1-22　《书籍封面设计》（段红均）

图1-22是VI识别手册的封面包装设计，整体风格比较统一。

图1-23　插画《英雄与小怪兽》(高昕)

图1-23以幽默的造型表现了一个小人物的决心与意志。

十三、图像设计流程

（一）创　意

　　创意的源头是人们对自然、社会的认识，对各种存在物体的再造或者赋予新的创见。古人提倡意在笔先，强调思维指导行为，由此可见，创意是知识经验积累的结果，更是一种创造性的行为活动。创意是设计的核心，创意的本质是创新！学习设计，创意先于设计而确立，设计要抓住核心问题实现创意目的。对于设计来说，创意要融合不同的文化元素，为客户提供最佳的展示效果，设计师要突破传统，用批评的眼光思考，勤于实践，在实战与创意中用创新解决问题！创意图形是艺术设计依据主题内容应用一些独特造型元素传递情感和信息，只有独具匠心的图形设计才能引起人们的广泛注意，图1-24小动物造型夸张，画面比较有童趣；图1-25画面做旧灰色调复古追忆逝去的时光；1-26采用剪纸的形式大胆创意表现老鼠与自然关系，画面效果合情合理，艺术设计把新的视觉信息传递给他人，获得一定的社会效益。

图1-24 《小动物》(房子琪)

图1-25 《艺术相片》(刘会军)

图1-26 《瓜田月下》(郭燕)

(二)设 计

　　人们的衣食住行都离不开设计,设计是一种复杂的精神活动,包容众多学科的专业思维模式。社会生活各个方面都有设计行为,最佳设计很容易激发观众情绪。艺术设计按照人、自然、社会的关系可以简单分为:视觉传达设计、工业设计、空间环境设计、综合设计。设计从构思到制作过程使物体的生命力得到延续,通过设计改变人的惯用思维习惯。我们从事设计的时候,吸收有助于表达设计的策略,用简单的草图表达个人想法,分析作品制作的可行性,用简单明了的手法把设计思路传递给客户。设计的基本因素是功能、材质、经济、生产、市场和人,艺术设计主要围绕产品、服务、信息、消费。如图1-27所示,采用三维建模、渲染输出图像,然后在赋予画面材质和色彩,设计改变物品属性,观众与作品之间产生激动的情感互动,艺术设计就是创新生产力。

图 1-27　数字绘画《河畔》（刘会军）

（三）软件制作流程

软件制作流程示例如图 1-28 所示。

（1）分析客户的设计主题要求，收集设计信息，多考虑市场、心理、消费因素，确定图像的技术制作方案；

（2）获取或者制作设计相关的基本素材，如图形、文字、文案等；

（3）整体处理图像，修改、调节画面效果，然后保存文件；

（4）效果测试，搜集用户或者其他群体对图像设计的意见，再次进行论证分析。

数字信息时代，人们的思考和行为正在不断刷新人类所能理解的领域。随着视觉创意设计中新的思想和见解不断涌现，人的想象力可以肆无忌惮地发挥，计算机技术的发展拓宽了图像的表现形式，也提升了创意劳动效率。

图 1-28　《毛氏红烧肉设计》（赵文强、刘会军）

第二节 认识 Photoshop CC 2015

Photoshop 擅长图像处理，从 1990 开始，该软件不断更新版本，其功能和用途也不断扩展。随着计算技术和人工智能等学科的发展，Adobe 公司紧跟时代发展需求，从第 8 个版本开始，采用 CS（creative suite）作为命名后缀。数字图像处理技术在各行业得到了广泛应用，如今，Photoshop 成为许多行业进行图像处理所采用的必备工具。

一、Photoshop 发展历程

（1）2007 年 4 月，发行 Adobe Photoshop CS3，首次分为标准版和扩展版，启动界面如图 1-29 所示。

（2）2008 年 9 月，发行 Adobe Photoshop CS4，实现了完成一个效果而无需其他软件辅助。被称之为有史以来最具综合性创意设计的软件，其启动界面，即如图 1-30 所示。

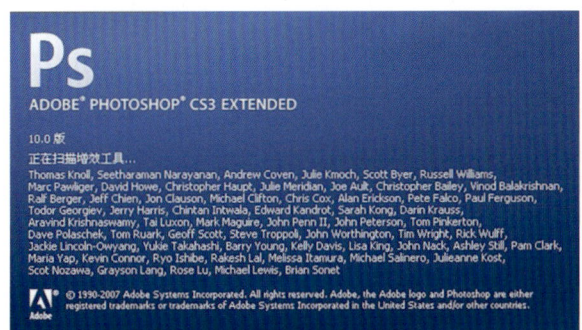

图 1-29 Photoshop CS3 启动界面

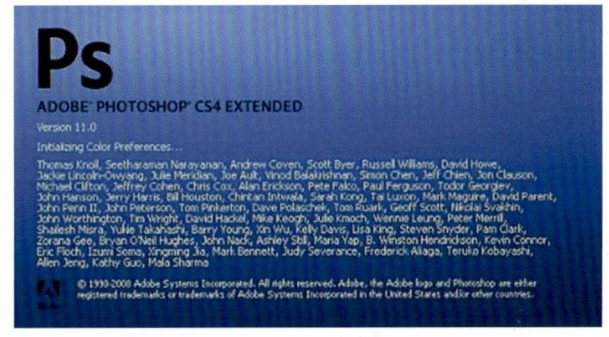

图 1-30 Photoshop CS4 启动界面

（3）2010 年 5 月，发行 Adobe Photoshop CS5，作为创作集合体的第 5 个版本，扩展版启动界面如图 1-31 所示。

（4）2012 年 3 月，发行 Adobe Photoshop CS6，其启动界面，如图 1-32 所示。

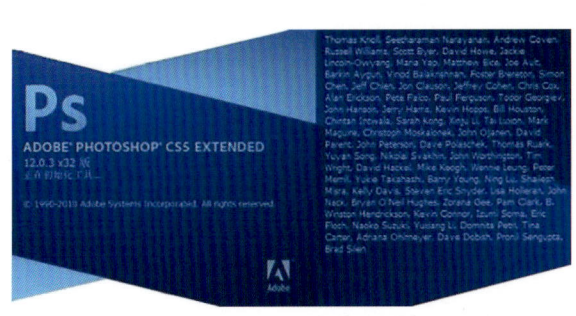

图 1-31 Photoshop CS5 启动界面

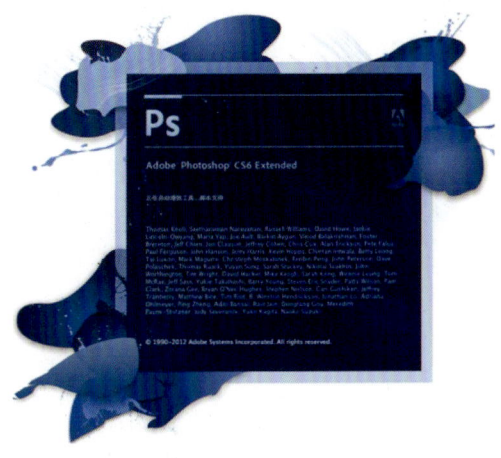

图 1-32 Photoshop CS6 启动界面

总之，Photoshop CS 版本支持 XP 系统，在计算机系统中，32 位比较通用，64 位可以多操作任务，两者没有绝对差异。Photoshop CC 版本包涵 Photoshop CS 版本功能，但新增加一些功能。

（5）2013 年 6 月，发行 Photoshop CC（Creative Cloud），开启了一个计算机设计的新时代，所有的版本以 creative cloud 为基础，其启动界面如图 1-33 所示。

（6）2014 年 6 月，发行 Photoshop CC 2014，其启动界面如图 1-34 所示。

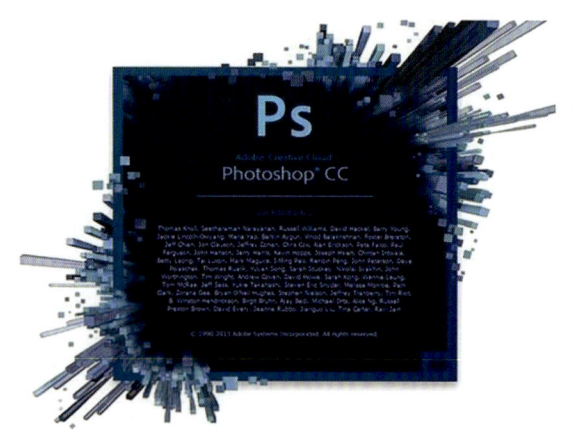
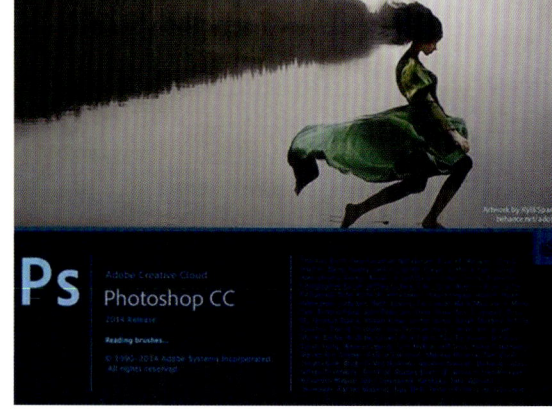

图 1-33　Photoshop CC 启动界面　　　　图 1-34　Photoshop CC 2014 启动界面

（7）计算机图像处理软件不断被更新更好的产品取代，2015 年 6 月，发行 Photoshop CC 2015，软件的多项功能得到改进，性能更加强大，其启动界面如图 1-35 所示。

图 1-35　Photoshop CC 2015 启动界面

二、Photoshop CC 2015 安装与常用快捷键

（一）安 装

（1）下载 Adobe Photoshop CC 2015 官方简体中文版安装包后进行解压，双击解压文件夹中的"Set-up.exe"进行安装，启动安装程序。安装路径可以自定义，也可以使用默认路径。软件安装的时候一定要断开网络安装，选择试用版本和忽略 ID。安装好以后在断网的情况下，再次启动，如果出现创建 ID 的提示，则选择以后登录。

（2）右键点击软件快捷方式，选择打开文件位置，如图 1-36 所示，把注册补丁粘贴去替换，如图 1-37 所示。然后再次重新单击软件，如图 1-38 所示，尝试运行，完成操作。

图 1-36 选择打开文件位置

图 1-37 解压后破解补丁

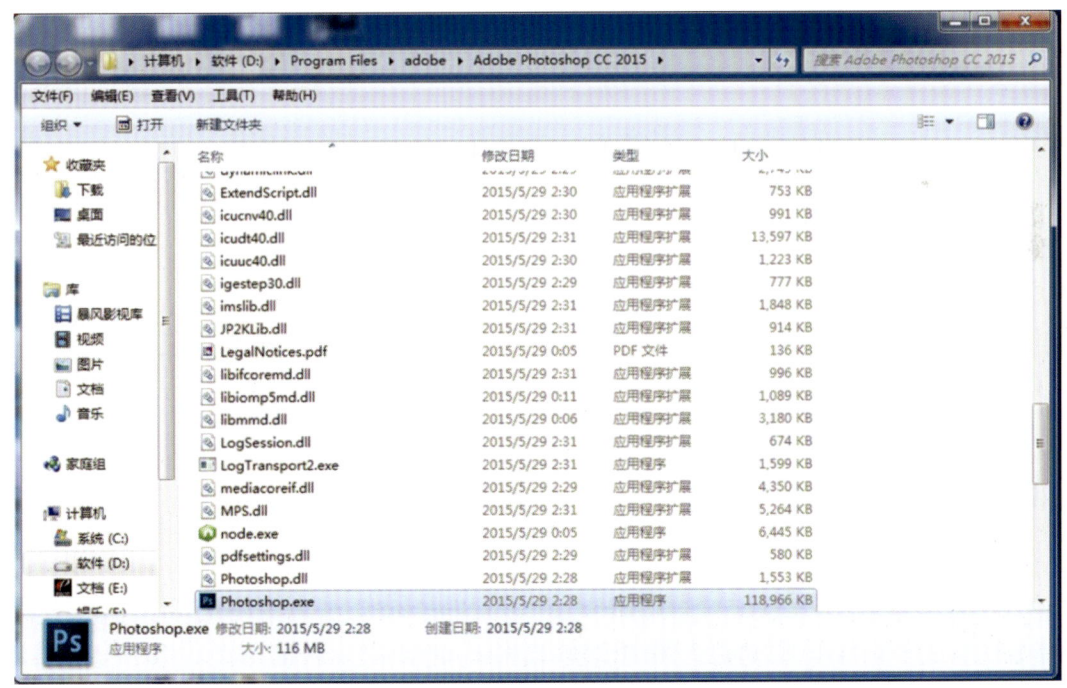

图 1-38 单击软件

（二）配置技巧

（1）暂存磁盘大小是处理最大图像的 3~5 倍，有助于提高软件运行的稳定性。要获得 Photoshop 的最佳性能，可将物理内存占用的最大数量值设置在 50%~75%。在打开 Photoshop 时按下 Ctrl 和 Alt 键，可在 Photoshop 载入之前改变它的暂存磁盘，如图 1-39 所示。或者选择"编辑---首选项---暂存盘"，更改暂存盘位置。

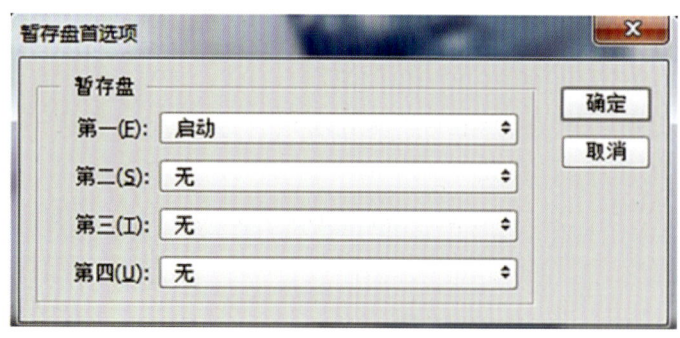

图 1-39　暂存盘首选项

（2）点击编辑---首选项---性能命令，调节内存、高速缓存级别、历史记录状态，可以加速软件运行速度，计算机硬盘存储空间一定要大，去除系统所占的内存后剩下的内存，建议最好是正在处理图像的 3~5 倍，最好有 5mb~20mb 的可用内存，还要有一定硬盘空间作虚拟内存。如果是多画板状态，建议内存有更多空间，并且减少其他操作。

（3）图像高速缓存主要是软件使用缓存图像以加快屏幕刷新的速度，默认缓存级别是 4。数值大，则刷新时间快。

（4）历史记录状态数值越高，占用内存越大。一般情况，不更改默认数值，如图 1-40 所示。

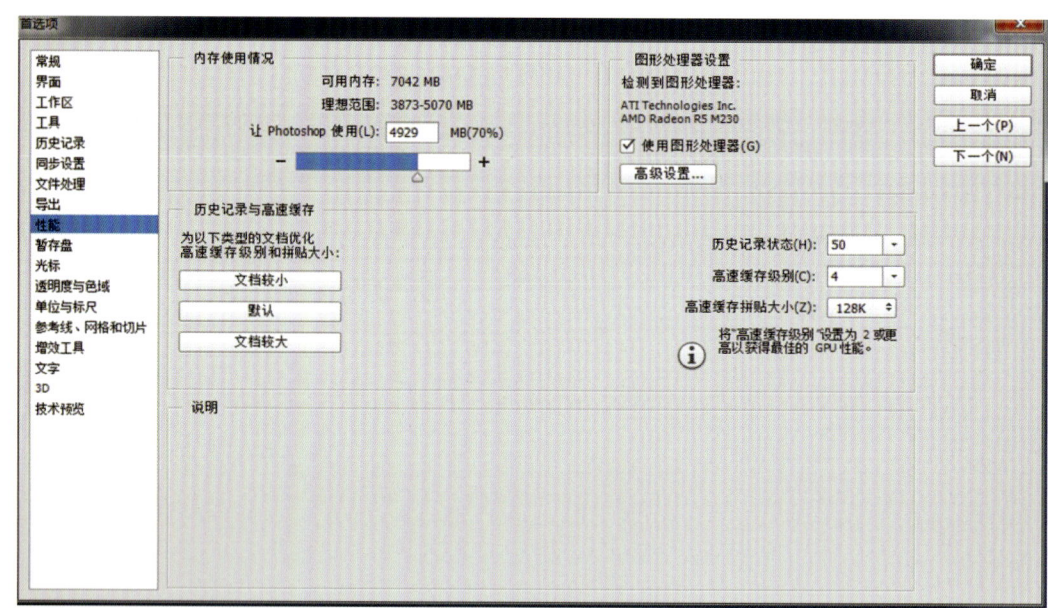

图 1-40　性能命令界面

（三）常用快捷键

（1）快捷键 F：标准屏幕模式、带有菜单栏的全屏模式、全屏模式。

（2）快捷键 Tab：在屏幕不够大的情况下，显示或者隐藏所有面板。

（3）快捷键 J：污点修复画笔、修复画笔、修补、内容感知移动、红眼工具。

（4）快捷键]：减少笔刷大小；快捷键 [：增加笔刷大小。

（5）快捷键 Q：切换标准模式和快速蒙版模式。

（6）快捷键 Ctrl+K：打开"预置"对话框。

（7）快捷键 Ctrl+Shift+S：另存为。

（8）快捷键 Ctrl+D：取消选择。

（9）快捷键 Ctrl+Alt+F：重复上次所做的滤镜（可调参数）。
（10）快捷键 Ctrl+Alt+0：实际像素显示。
（11）快捷键 Ctrl+Z：还原/重做前一步操作。
（12）快捷键 Ctrl+T：自由变换。
（13）快捷键 Ctrl+Alt+Shift+E：盖印可见图层（不包括背景图层）。
（14）快捷键 Esc：取消当前命令。
（15）快捷键 F2/Ctrl + X：剪切选择区。
（16）快捷键 F3/Ctrl + C：拷贝选择区。
（17）快捷键 F4/Ctrl + V：粘贴选择区。
（18）快捷键 F5：显示或关闭画笔选项板。
（19）快捷键 F6：显示或关闭颜色选项板。
（20）快捷键 F7：显示或关闭图层选项板。
（21）快捷键 F8：显示或关闭信息选项板。
（22）快捷键 F9：显示或关闭动作选项板。
（23）快捷键 Ctrl+0（数字）:图片迅速回到原始状态，并且符合视图。
（24）快捷键 Ctrl+Alt+F：重复上次所做的滤镜（可调参数）。
（25）快捷键 Shift+tab：显示或隐藏工具箱以外的所有调板。
（26）快捷键 Ctrl+Alt+Shift+N：新增加图层，不弹出对话框。
（27）快捷键 Ctrl+Alt+Shift+K：展示快捷键目录，可以更改各种快捷键。

（四）使用预设工作区

Photoshop 应用范围广泛，Photoshop CC 2015 提供了几种常用的预设工作区供用户选择。在默认情况下，用户使用基本功能按钮，如图 1-41 所示。用户必须选择一个适合的工作区，从事三维、绘画、摄影、排版等操作，也可以根据自己的操作习惯创建适合自己的工作区。

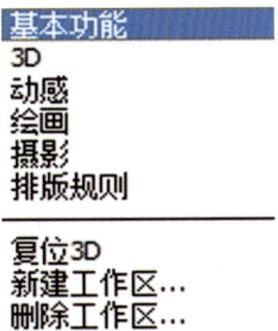

图 1-41　几种常用预设工作区

技巧：点击编辑---首选项---界面，勾选颜色方案，可以更改软件界的颜色。

图 1-42、图 1-43 使用 Photoshop CC 2015 预设工作区，选择了自己喜欢的素材进行图像创意设计。

图 1-42　报纸广告设计（刘富鑫）

图 1-43　招贴《三车广告》（赵文强）

软件实践：安装 Photoshop CC 2015 和认识工作界面。

本 章 小 结

  人类的认知能力也随着社会的发展而进步。在数字媒体时代，新技术被看做是一种设计思想体系，新媒体艺术设计会带给人们不同以往的思考视角，视觉传达设计作为消费者对于美、舒适、价格的选择与身份的认同密不可分，本章以图像设计关键词和 Photoshop CC 2015 面板使用为主，可见明白图像创意的重要性。

思 考 题

1. 图形设计的关键是什么？
2. Photoshop 图像基础是什么？

第二章

Photoshop CC 2015 图像处理方法

本章导读

读者通过 Photoshop CC 2015 常用命令和工具应用实践,可熟悉软件常用的命令,构建自己设计思维。软件操作案例成为图像创意设计的视角,读者通过学习,希望明白数字技术能为创意设计插上理想的翅膀。

学习目标

熟悉 Photoshop CC 2015 进行图像处理的常用工具,并且能够进行简单的设计制作。

第一节 Photoshop CC 2015 工具箱命令

一、选择系列工具

选择系列工具主要作用是选择图像及其部分范围进行编辑。

1. 选框系列工具

图像设计时要建立一些选区或者选择部分图像,Photoshop 提供多种选择工具。选框工具组包括矩形选框工具、椭圆选框工具、单行选框工具、单列选框工具,如图 2-1 所示。单行选框工具和单列选框工具常用来制作各种类型的网格。

图 2-1 选框工具组

图 2-1 左面红颜色的工具属性栏被称为选择布尔运算,用法主要包括:创建一个新的选区;在原有的选区基础上添加一个选区;在原来选区的基础上减少一部分选区;两个选区相交。

图 2-1 中其他属性包括羽化、消除锯齿、样式。羽化：选区的虚化值。消除锯齿：椭圆选框工具选项边缘的光滑度。样式：创建选区的方法，它对于矩形选框和椭圆选框工具起作用，有 3 种：正常、固定比例（往往与宽度、高度对应）、固定大小（往往与宽度、高度对应）。调整边缘用法与菜单栏工具论述相同。

（1）矩形选框工具用于制作矩形选区。按住 Shift 键可以绘制正方形，按住 Alt 键可以鼠标单击点为中心绘制矩形；按住 Alt + Shift 键可以绘制以鼠标单击点为中心的正方形，如图 2-2 所示。

（2）椭圆选框工具用于制作圆形选区。按住 Shift 键可以绘制正圆，按住 Alt 键可以鼠标单击点为中心绘制椭圆；按住 Alt + Shift 键可以绘制以鼠标单击点为中心的正圆，如图 2-3 所示。

（3）单行选框工具、单列选框工具：在图像中选择一列像素，点击一次，可创建一个很小的选区，也可以调节宽度为 1 像素。

软件实践：矩形选框工具、变换、填充、透明度、图层面板，示例如图 2-2 所示。

图 2-2

软件实践：椭圆选框工具、反选、羽化，示例如图 2-3 所示。

图 2-3

2. 快速选择工具

调整画笔可快速创建选区，再调节工具属性栏参数。还可以单击或者拖动以快速创建选区。点击工具，随意加减选择区域，可用画笔的大小调节选区的范围，如图 2-4 所示。

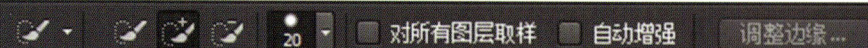

图 2-4　快速选择工具

3. 魔棒工具

依据图像颜色制作选区，选择不必跟踪轮廓。颜色越统一，容差就越小。工具选项栏容差值大小决定了选取相似颜色的范围，如图 2-5 所示。

图 2-5　魔棒工具

容差：数值决定选择颜色的区域。连续：选择颜色相近的连续区域或者选择图像容差值范围内的颜色。

利用以上工具，还有套索和选择工具可确定一个工作选区，以进行抠图、填充、滤镜等。

4. 移动工具

移动选区或者移动图层到其他位置，其工具属性栏如图 2-6 所示。

图 2-6　移动工具

（1）自动选择：勾选该命令，直接选择鼠标指针所指的非透明图像所在图层或组。
（2）显示变换控件：可以再选中对象的周围显示定界框。
（3）对齐与分布：选择对齐的图层或者重新排列。

软件实践：选择系列工具、移动工具，示例如图 2-7、2-8 所示。

图 2-7　　　　　　　　　　　　　　　　　图 2-8

提示：不规则与规则选区的创建方法区别！

二、图像修补系列工具

在这个软件中，修复画笔、污点修复画笔和修复性能都得到了极大提升。从被修饰区域周围取样，将样本的颜色与修饰的颜色匹配，去除图像污点，这些工作的主要作用是修饰、复制图像。

1. 修复画笔工具

利用图像样本选区像素进行绘图，该工具从被修饰图像周围取样，修复的图像自然融入原来图像。工具属性如图 2-9 所示。

图 2-9　修复画笔工具

模式：设置修复图像的混合模式。替换模式可以保留边缘处杂色、胶片颗粒和纹理，使修复效果更加真实。

（1）源：在图像进行取样，设置修复像素的源。

（2）对齐：对齐像素连续取样，取样点随着修复位置移动变化。

（3）样本：用来设置从指定图层进行数据取样，有 3 种模式可以选择，工具属性如图 2-9 所示。

2. 污点修复画笔工具

快速去除图像杂色，它与修复工具原理相似，自动从修复区域周围取样，进行修复融入新图像，污点修复画笔工具属性栏如图 2-10 所示。

图 2-10　污点修复画笔工具

（1）模式：修复图像使用的混合模式。

（2）类型：设置修复方法。近似匹配是使用选区周围的像素来查找用作选定区域修补的图像区域。创建纹理是使用选区中所有像素创建一个用于修复该区域的纹理。内容识别是使用选区周围的像素进行修复。

（3）对所有图层取样：文档包含多个图层，勾选该命令，从所有图层中对数据进行取样；取消勾选，则只从当前图层取样。

3. 修补工具

可以用其他区域图案像素修复选中区域，样本与源像素进行匹配。该工具用选区定位修复范围，其属性栏如图 2-11 所示。

图 2-11　修补工具

（1）选区创建方式：创建一个新的选区，有 4 种创建方式。

（2）透明：使用修补的图像与原图像产生透明叠加效果。

（3）修补：设置修补方式。

（4）源：选区拖到修补的区域以外，用选择的图像修补原来选择的内容。

（5）目标：选中图像复制到目标区域。
（6）使用图案：使用图案修补选区内的图像。

软件实践：修复画笔工具、污点修复画笔工具，示例如图 2-12 所示。

图 2-12

4. 内容感知移动工具

用户在缩放、旋转对象的时候可以进行更细致入微的控制，可精确定位、精确控制角度和缩放比例，可以选择或者移动图像中的一部分到图像另外一个位置，而原位置空白软件会自动修复，如图 2-13 所示。

图 2-13　内容感知移动工具

（1）选取方式：控制选择区域的方式，可以直接拖拽、相加、相减、相交。
（2）模式：分为移动、扩展。移动模式下移动选区内容，可将对象置于不同的位置中（在背景相似时最有效）；扩展模式下移动而且复制选区内容，可对头发、树或建筑等对象进行扩展或收缩。

在工具栏中，按住污点修复画笔，然后选择内容识别移动工具，可通过合成邻近内容实现无缝替换不需要的图像元素。

软件实践：内容感知移动工具，示例如图 2-14、2-15 所示。

图 2-14

图 2-15

5. 红眼工具

去除闪光灯拍摄人物或者动物照片中的眼睛颜色，其工具栏如图 2-16 所示。

（1）瞳孔大小：设置暗色的大小。

（2）变暗量：设置瞳孔的暗度。如图 2-16。

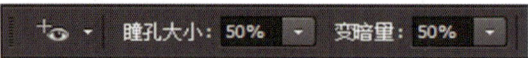

图 2-16 红眼工具

软件实践：红眼工具，示例如图 2-17 所示。

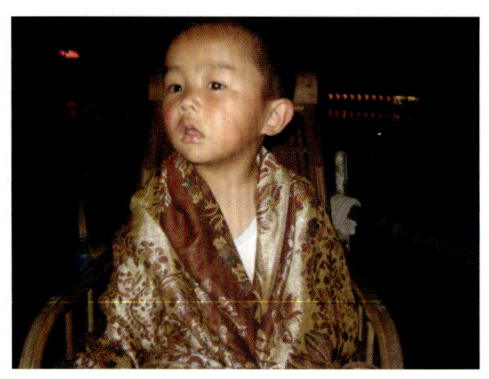

图 2-17

6. 橡皮擦工具

对图像内容进行擦除，其工具栏属性如图 2-18 所示。

图 2-18 橡皮擦工具

（1）模式：选择橡皮擦除方式。

（2）不透明度：设置工具的擦除强度。

（3）抹到历史记录：抹除到对象已经存储的状态或快照。

软件实践：橡皮擦工具，示例如图 2-19、2-20 所示。

图 2-19

图 2-20

7. 背景橡皮擦工具

图像中需要擦除的像素为透明，通过颜色的容差值等工具选项设置控制擦出颜色的范围，其工具栏属性如图 2-21 所示。

第二章　Photoshop CC 2015 图像处理方法

图 2-21　背景橡皮擦工具

（1）设置取样颜色方式，有 3 种取样颜色方式可以选择：一次、连续、背景色板。
（2）限制：抹除限制的模式，分为：连续、不连续、查找边缘。
（3）保护前景色：使用工具擦出图像颜色的时候，但前景色设置的图像没有被擦掉。在背景层使用该工具时，则背景层转换为普通层，这个工具适合抠图使用。

软件实践：背景橡皮擦工具，示例如图 2-22 所示。

图 2-22

8．魔术橡皮擦工具

依据颜色的近视程度确定将图像擦成透明的程度。在图层点击该工具会将相似像素变成透明。工具选项中的容差值越大，擦除范围越广，勾选消除锯齿选项，则擦除后的图像边缘保持比平滑，其工具栏属性如图 2-23 所示。

图 2-23　魔术橡皮擦工具

（1）消除锯齿：涂抹后的区域边缘变得平滑。
（2）连续：勾选该命令，涂抹与单位像素位置相连的像素；取消勾选该命令，则擦除图像中所有与单击位置相似的像素。
（3）对所有图层取样：利用可见图层组合数据采集擦除的色样。
（4）不透明度：擦除的强度，可降低透明度擦除部分图像。

软件实践：魔术橡皮擦工具，示例如图 2-24 所示。

图 2-24

9. 海绵工具

主要作用是调整色彩饱和度。模式参数有：去色、加色，自然饱和度。

选择加色或者去色模式：更改色彩方式。

勾选自然饱和度：防止颜色过渡饱和出现溢色。可以增加或者降低图像颜色饱和度。

软件实践：海绵工具、减淡工具、加深工具，示例如图 2-25 所示。

图 2-25　海绵工具

10. 聚焦工具

由模糊、锐化、涂抹工具组成，快速修补图像缺陷，在图像中拖动鼠标就可以实现修改，工具详细用法如图 2-26 ~ 2-28 所示。

模糊工具：柔化图像边缘，减少图像细节，杂色与周围像素融合，其工具栏属性如图 2-26 所示。

图 2-26　模糊工具

锐化工具：增强图像相邻像素之间对比，提高图像清晰度，其工具栏属性如图 2-27 所示。

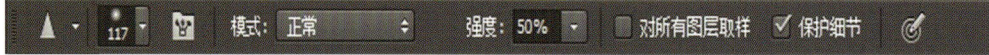

图 2-27　锐化工具

涂抹工具：模拟手指涂抹画面的效果，其工具栏属性如图 2-28 所示。勾选手指绘画命令，在起点描边处使用前景色进行涂抹。

图 2-28　涂抹工具

软件实践：快速选择工具、聚焦工具，示例如图 2-29、2-30 所示。

图 2-29

图 2-30

三、图像调整系列工具

1. 裁剪系列工具

裁剪工具主要作用是裁剪不需要的图像，工具更新了包括许多错误修复和增强功能，包括：顶层图像和长宽比菜单中的新预设。裁剪工具和透视裁剪工具如图 2-31 所示。

（a）裁剪工具

（b）透视裁剪工具

图 2-31

比例：选择裁剪时候的比例。

设置叠加选项：裁剪图像时显示设置，该命令组分为 3 栏。裁剪选项按钮：设置裁剪图像选项。拉直：可以对图像进行校正拉直处理，校正倾斜的画面。

软件实践：透视裁剪工具，调整工具属性效果示例如图 2-32 所示。

图 2-32

2. 调整边缘命令

调整边缘主要作用是调整选框的平滑、羽化、对比度、移动边缘大小，在套索、钢笔、选框等工具。单击选择菜单---调整边缘；在各个选区的工具栏有调整边缘按钮，如图 2-33 所示。

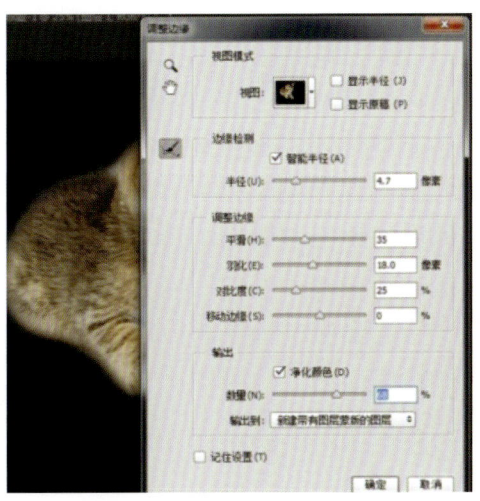

图 2-33　调整边缘命令

（1）半径：选区边界周围区域的大小。

（2）调整边缘。其中平滑：选区边界不规则区域的轮廓。羽化：选区的边缘柔化效果。对比度：锐化选区边缘去除模糊不自然的感觉。

3．套索工具

套索系列工具是常用的范围选取工具。快速选择图像内容，不能用于精确选取图像细节或者复杂的图像，随意在图像绘制各种形状选区，含有3种方式，主要应用于不规则形状选取，自由绘制选区的形状。多边形套索工具可以将不规则的转角尖锐的图像从复杂的背景抠出，如三角形、五角星等；磁性套索比较适合选择边缘颜色对比度比较强的图像，如图2-34所示，有识别边缘作用的磁性套索工具。每一种套索下面都有一个调整边缘命令，单击这个命令可以调整选区的半径、对比度等，用较快速度实现抠图。在工具栏还可以利用钢笔工具、橡皮擦等绘制路径的办法进行抠图，用比较专业的抠图方法，如蒙版、通道、渐变映射等方法的效果也不错。

图2-34　套索工具

（1）宽度：确定选取时候的探测范围，数值越大探测范围越大。

（2）对比度：设置套索的敏感度，数值大可以探测对比度高的边缘。

（3）频率：以什么频度设置紧固点，数值越大可更快地固定在选区边框。

4．仿制图章工具

从图像复制信息，应用到其他的区域或者图像中，也可以将一个图层的一部分复制到另外一个图层，先确定复制基准点，移动鼠标进行复制，其属性栏如图2-35所示。注意不透明度和流量设置影响仿制区域，两个图像的颜色模式要相同。

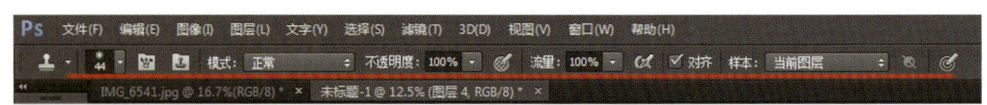

图2-35　仿制图章工具

在属性栏中，除了对齐和样本命令外，其他选项与画笔工具相同。

（1）模式：设置仿制图像与背景图像之间的叠加模式。

（2）不透明度：控制仿制区域应用的不透明程度，数值越大，图像越明显。

（3）对齐：勾选这个命令可以连续对像素进行取样；取消勾选，每单击一次鼠标，使用初始取样点的样本像素，每次单击都被视为另外一次复制。

（4）样本：从指定图层进行数据取样，有3种目标选项：当前图层、当前和下方图层、所有图层，也可以在仿制时忽略调整图层。

软件实践：仿制图章工具、快速选择工具、历史记录画笔工具，示例如图2-36所示。

图 2-36

5. 图案图章工具

将特定区域指定为图案纹理，通过拖动鼠标进行图案填充，常用于背景图片制作，类似用画笔工具进行涂抹，其中图像以图案进行显示。工具属性栏如图 2-37 所示，设置画笔以控制应用图案效果，还可以设置喷枪绘制和印象派效果。使用该工具可以自定义图案内容，通过仿制定义图案就可以复制出多个定义图案。

图 2-37　图案图章工具

（1）模式：设置仿制后图案与背景图像的叠加模式。
（2）不透明度：控制仿制图案应用的不透明程度，数值越大，图案效果越明显。
（3）启用喷枪样式：在图案仿制中，勾选该命令，模拟出喷枪绘图效果。
（4）图案拾色器：点击该按钮，选择更多图案，如图 2-38 所示。
（5）对齐：勾选该命令，则被涂抹的图案显示有规律。
（6）印象派效果：勾选该按钮，图像模拟出印象派效果。

软件实践：图案图章工具，示例如图 2-39 所示。

图 2-38　图案拾色器

图 2-39　摄影《收获》（延杨红）

四、绘图系列工具

绘图系列工具主要应用于设计与绘画，使用的时候必须在属性栏进行参数设置。图像或者图形创建为自定义画笔，也可以从网络下载画笔预设。

1. 画笔工具

绘画颜色调色工具由拾色器（图2-40）、颜色面板（图2-41）、色板（图2-42）组成。画笔工具选取不同的画笔笔触、画笔大小、画笔硬度、混合模式、不透明度、流量等，可模拟出真实的绘画效果。打开画笔预设选取器可以替换并调整各种特点的画笔，画出各种效果，如图2-43所示。

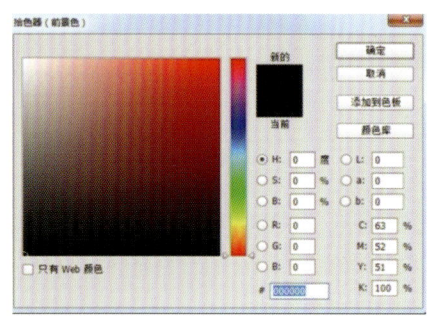

图 2-40　拾色器

图 2-41　颜色面板

图 2-42　色板

图 2-43　画笔预设选取器

（1）模式：选择画笔笔迹与图像像素可混合产生新的效果。
（2）不透明度：设置画笔线条的不透明度。
（3）喷枪选项（从右往左，第二个按钮）：应用喷枪效果绘制画面。
（4）绘图板压力：数位板绘图，光笔压力附和画笔笔迹。

2. 铅笔工具

铅笔工具类似画笔工具，用于绘制硬边线条，线条随着光标移动边缘被像素化，不能产生柔软平滑的边缘，常用来绘制线描效果。自动涂抹功能控制画笔颜色在前景色绘制背景色，没有勾选自动抹除选项，默认为前景色绘画，如图2-44所示。

图 2-44　铅笔工具

软件实践：画笔工具、铅笔工具，示例如图2-45所示。

图 2-45 《漫画人物》(刘会军)

3. 颜色替换工具

颜色替换工具用于整体或者部分更改画面颜色。画面部分颜色不满意不必擦掉,可点击工具直接替换,不影响其他部分颜色,替换的颜色以前景色为主,结合模式、取样、限制等选项控制,如图 2-46 所示。

图 2-46 颜色替换工具

(1)模式用于确定替换颜色的效果,包括色相、饱和度、颜色、明度 4 种模式,可以替换颜色、增强特定颜色饱和度、改变色相、改变颜色明暗程度。

(2)取样包括 3 种取样方式。连续取样是在拖拽中连续对鼠标所在位置颜色进行替换;一次取样是一次取样替换第一次单击的颜色区域;背景色板取样是将对包含当前背景色区域进行颜色替换。

(3)限制是控制替换颜色的程度,包含 3 种方式。不连续是替换涂抹位置的任何颜色;连续是替换相邻颜色;查找边缘是保持边缘清晰度的同时替换连接区域的颜色。

(4)容差是控制替换颜色的范围,数值越大替换范围越大。

(5)消除锯齿:位图在颜色替换的时候会产生锯齿边缘,勾选该命令,可在位图边缘添加类似颜色的像素,让替换的颜色效果更自然。

软件实践:使用颜色替换工具,示例如图 2-47 所示。

(a)原图

(b)效果图

图 2-47

4. 混合器画笔工具

混合画布颜色可模拟硬笔毛刷笔触，以逼真的混色效果进行绘画或者混合图像颜色，其选项栏如图 2-48 所示，设置颜色、潮湿度、混合程度等，可绘制出逼真的手绘效果。

图 2-48　混合器画笔工具

（1）画笔预设选取器：调整笔触的大小、硬度，选择需要的笔触样式，快速设定画笔样式。

（2）当前画笔载入：显示当前前景色颜色，调色时，画笔当前选用的颜色不断变化，查看所有的颜色变化，根据需要选择预设画笔选项绘图，该工具结合画笔和画笔预设面板使用。

（3）潮湿：设置画笔潮汕程度，数值越大，画笔在画布上的色彩越淡。

（4）载入：设置黏在画笔上的颜料数量。

（5）混合：调节画笔颜料与画布上其他颜料混合程度，数值大，则颜色混合比例高。

（6）流量：设定混合器画笔工具在绘图描边过程输送的颜料数量，数值越大，色彩越浓。

（7）对所有图层取样：勾选该命令，可以应用于所有可见图层。

软件实践：使用混合器画笔、画笔、调色板工具丰富油画的色彩效果，示例如图 2-49、2-50 所示。

图 2-49

图 2-50

5. 钢笔工具

钢笔工具可任意绘制开放、封闭的路径或者图形，主要有钢笔工具、自由钢笔工具。其在工具属性栏模式可以选择：形状、路径、像素，选项栏显示相关选项，钢笔工具如图 2-51 所示；自由钢笔工具如图 2-52 所示。点击视图---显示---网格，显示网格辅助钢笔工具。使用路径选择工具、直接选择工具，选择路径或锚点，移动位置。

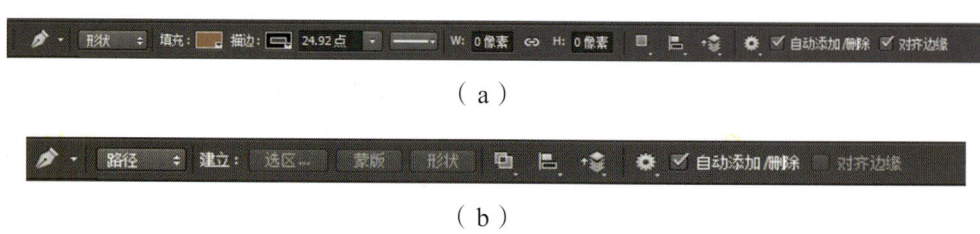

图 2-51　钢笔工具

填充：选择颜色或者图案填充绘制的形状。描边：根据需要选择描边的颜色或者图案。设置形状高、宽度：调整绘制图形大小。描边选项：选择需要的描边样式、对齐方式、端点类型、角点类型。

建立：勾选该命令，根据需要点击选区、蒙版、形状按钮，在图像建立相应的选区、蒙版、形状。自动添加/删除：绘制路径的时候自动添加/删除锚点。

图 2-52　自由钢笔工具

路径排列方式：路径的排列顺序。磁性的：激活磁性钢笔工具，设置相关参数。

6．路径调整

添加锚点：在使用钢笔工具和自由钢笔工具时候，在路径的线段添加锚点。
删除锚点：在使用钢笔工具和自由钢笔工具时候，在路径的线段删除锚点。
转换锚点：平滑点和角点之间的转换，实现直线与曲线之间转换。

7．路径选择工具

选择一个或者多个路径，用鼠标左键拖动整个路径移动，如图 2-53 所示。

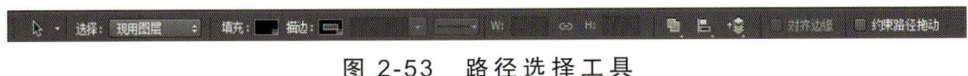

图 2-53　路径选择工具

8．直接选择工具

对当前面板的路径选取和调整，通过调整锚点和路径形状改变路径，如图 2-54 所示。

图 2-54　直接选择工具

9．自定义形状工具

创建自定义形状，可以更改形状的轮廓，如图 2-55 所示。单击面板右上角扩展按钮，弹出快捷菜单，可以自定义其他形状操作，如图 2-56、2-57 所示。

图 2-55　自定义形状工具一

图 2-56　自定义形状工具二

10．矩形工具

在工作区绘制矩形或者正方形，详见工具属性。在几何选项面板设置矩形的创建方法，如图 2-58 所示。不受约束：在画布任意绘制矩形。固定大小：创建固定宽度和高度的矩形。比例：设置矩形的高、宽比例。从中心：工作区画布单击点为绘制矩形的中心点。

圆角矩形工具：在工作区绘制圆角矩形，详见工具属性。半径：设置矩形的圆角半径，数值越大弧度越明显。

椭圆工具：在工作区绘制椭圆和正圆形，详见工具属性。

多边形工具：在工作区绘制多边形和星形，详见工具属性。在几何选项面板设置矩形的创建方法，如图 2-59 所示。半径：设置绘制图形的半径。平滑拐角：绘制的多边形有平滑的拐角。缩进边依据：设置星形缩进的百分比。平滑缩进：星形边平滑地向中心缩进。

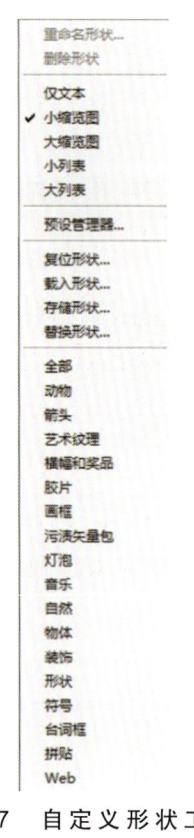

图 2-57　自定义形状工具三

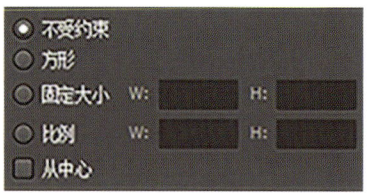

图 2-58　矩形工具

图 2-59　多边形工具

直线工具：在工作区绘制粗细不同的直线或者有箭头的线段，详见工具属性。

11．描边路径

笔刷沿着路径描边以得到丰富的绘制效果。

软件实践：钢笔工具、描边路径、路径面板，示例如图 2-60 所示。

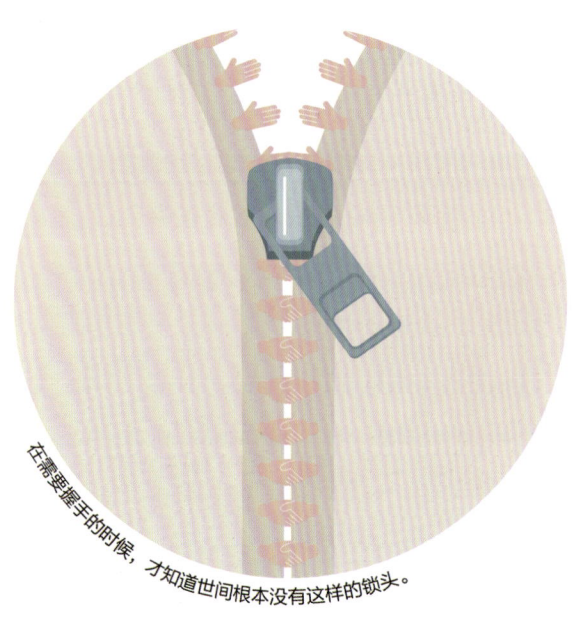

图 2-60　《生活哲思二》（高晔利）

五、历史记录画笔工具组

历史记录画笔工具组用于恢复图像最近保持状态,或者打开图像原来面貌。

1. 历史记录画笔工具

消除图像的历史操作,使图像变回未做变换之前的图像效果。工具选项栏可以进行各种设置以控制恢复图像的程度。使用该工具在修改过的图像涂抹,而涂抹过的区域将恢复到打开时的图像效果,其工具属性栏如图 2-61 所示。

图 2-61　历史记录画笔工具

2. 历史记录面板

历史记录面板记录了所有的操作步骤,默认情况下,记录 20 个操作步骤。如果需要记录更多操作步骤,则通过首选项---性能---历史记录与高速缓存级别,修改相应参数,如图 2-62 所示。

图 2-62　历史记录面板

3. 历史记录艺术画笔工具

指定历史记录状态或者快照作为源数据,对图像进行艺术化处理,在选项栏设置,然后在图像涂抹。不同笔触、色彩模拟绘画效果,其属性如图 2-63 所示。

图 2-63　历史记录艺术画笔工具

(1)模式:选择工具的绘图模式,包含 7 项,正常选项是根据绘图样式在原图中应用画笔。
(2)样式:根据绘图样式在原图中应用画笔笔触特效,选择的画笔样式影响画面风格。

（3）区域：设置画笔笔触区域，笔触区域与画笔大小成正比。

（4）容差：调整画笔笔触应用的间隔范围，数值越小，画笔应用越细腻。

软件实践：使用历史记录画笔和滤镜（水彩纸效果），示例如图 2-64、2-65 所示。

图 2-64

图 2-65

六、辅助设计系列工具

1．旋转视图工具

这个工具往往与窗口菜单排列和工作区命令配合使用，勾选旋转所有窗口，所有图像同时进行旋转，如图 2-66 所示，其他按钮的作用如同命名，对于数字绘画来说非常方便。

软件实践：旋转视图工具，示例如图 2-66 所示。

图 2-66 旋转视图工具

2．抓手工具

使用抓手工具移动图像以查看图像在工作区没有显示的部分，选项栏属性与缩放工具相同。按住 ALT 和 CTRL 键，同时按住鼠标左键，可以缩小、放大画面工作区，如图 2-67 所示。

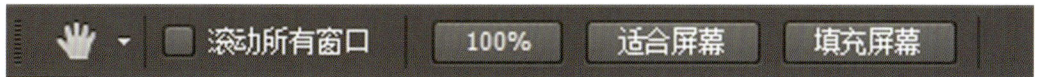

图 2-67　抓手工具

3．画板工具

画布的尺寸要适合设备的媒介，主要界定图像的显示范围，应用于页面、程序等移动设备的美术设计。画板就是在组上多一层，嵌套，同一个组不能共存于两个画板，画板一画板是层级关系，不能是一个画板嵌套另外一个画板，新建画板有三种方式，直接新建、根据图层新建、根据组新建。图层与画板支持多界面无障碍设计。画板有复杂的图层，工具属性栏可调整画板的属性，如图 2-68 所示。

图 2-68　画板工具

具体用法：新建文件，文档类型选择画板；或者单击图层菜单，新建画板进行设定；删除画板，可以在图层面板进行，文件保存为 psd 格式，也可以点击文件---将画板导出到 PDF，由此可见，画板能应用于设计管理和复杂的图像设计，示例如图 2-69 所示。

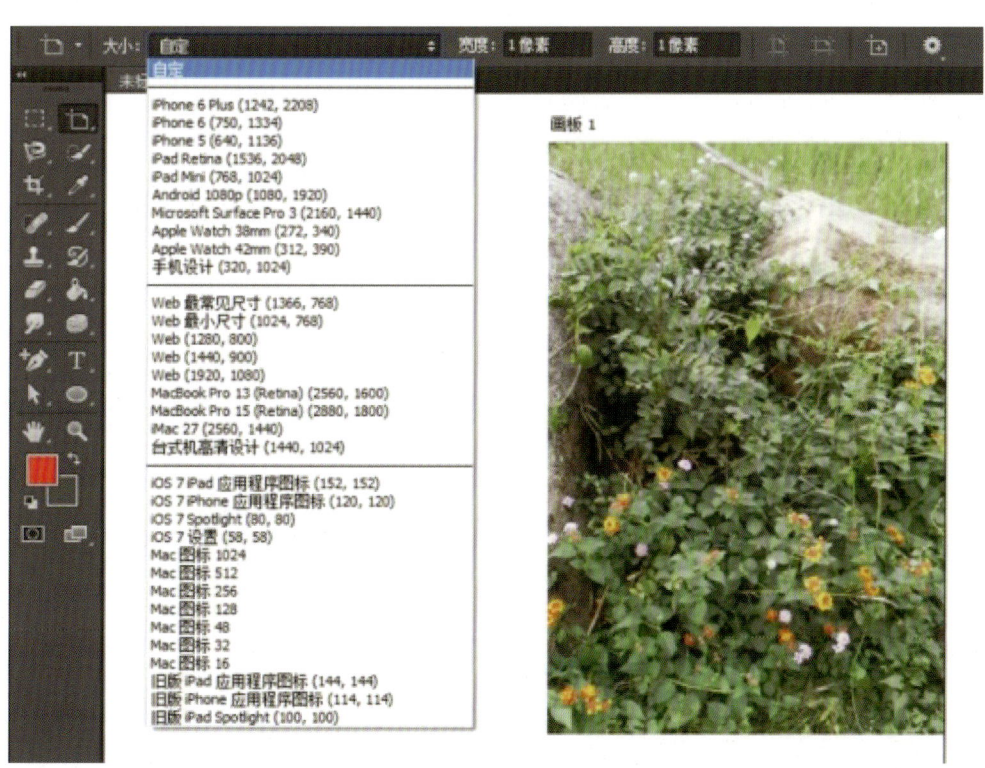

图 2-69

软件实践：画板工具，示例如图 2-70 所示。

图 2-70

4．路径绘图工具

绘制点和线，然后填充、描边，得到对象的轮廓。主要作用包括绘制图形，创建精确的选择区域，如直接选择工具、路径选择工具，如图 2-71 所示。

图 2-71　路径

钢笔工具系列工具主要是钢笔工具（图 2-72）、自由钢笔工具、添加锚点工具、删除锚点工具、转换点工具。主要作用：绘制最精确的路径，两个节点之间连接成一条线，起点和终点重合时候表示路径封闭。该工具实现了路径与选区之间的互相转化，路径面板如图 2-73 所示。从左往右依次是用前景色填充路径、用画笔描边路径、将路径作为选区载入、从选区生成工作路径、创建新路径、删除当前路径按钮。

图 2-72　钢笔工具

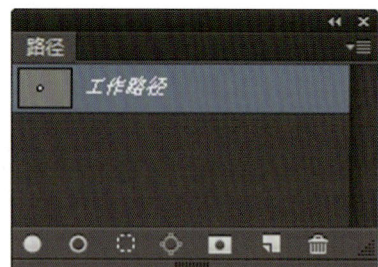

图 2-73　路径面板

5．注释工具

在图像需要处理的部分添加注释或者写上需要处理的效果再保存成 PSD 格式，下次打开的时候继续完成没有做好的效果。在注释作者栏目输入作者名字就知道注释是谁写的，注释的颜色可以更改，如果不需要注释，点击"清除全部"按钮，如图 2-74 所示。

图 2-74　注释工具

软件实践：注释工具，示例如图 2-75 所示。

第二章　Photoshop CC 2015 图像处理方法

图 2-75

七、三维设计工具

1. 3D 材质吸管工具

3D 材质吸管工具主要作用是显示文件的 3D 纹理等属性和编辑。软件实践：3D 材质吸管工具，属性如图 2-76 所示，导入文件，单击该命令，可以查看、更改图像的材质属性。

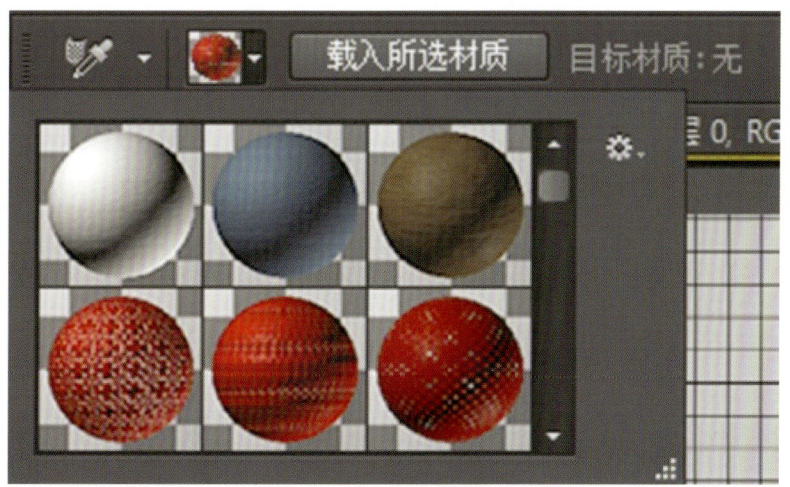

图 2-76　3D 材质吸管工具

2. 3D 材质拖放工具

该工具对特定的模型填充纹理,将工具属性栏选择的材质应用到模型的材质中,如图 2-77 所示。

图 2-77　3D 材质拖放工具

软件实践：利用 3D 材质吸管工具、网格预设（帽子）、3D 属性面板，更改属性，示例如图 2-78、2-79、2-80 所示。

图 2-78　　　　　　　　　　　　　　　　　图 2-79

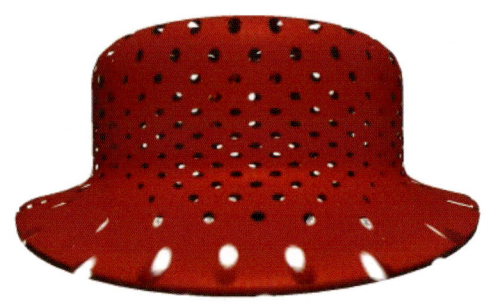

图 2-80

软件实践：自动颜色、从图层新建网格（球体）、球体材质（凹凸）、3D 面板，示例如图 2-81、2-82 效果所示。

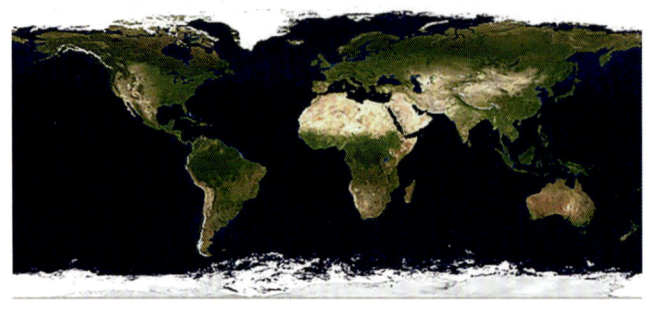

图 2-81　原图　　　　　　　　　　　　图 2-82　最终效果

扩展案例：

图 2-83　插画《过马路》（周琇琦）指导老师：刘会军

思考：Photoshop CC 2015 工具栏都有什么工具？

第二节　Photoshop CC 2015 菜单栏命令

一、文　件

文件菜单用于创建、保存图像，不同媒介及其文档之间的转换，如图 2-84 所示，主要命令有打开为智能对象、存储为、导出、导入、自动、脚本。

1. 存储为

这个命令为不同的格式文件存储图像，也可以针对特定图层预览。工具可让用户针对特定的图层和画板进行导出，导出格式可以是 JPEG、GIF、PNG、PNG-8 等文件格式。

2. 导　出

导出用于将图像输出到其他程序。这个命令的二级菜单命令对应一些媒介，对动作或者视频文件操作效果非常好，主要有 PDF 阅读、网页、互动、序列图形等，制作一般的静止图像则不常用，如图 2-85 所示。

图 2-84　文件菜单

图 2-85　导出

3．生　成

生成图像资源，一定要在首选项---增效工具，勾选启用生成器，然后重启软件。这个命令常用于 UI 或者互动设计，如图 2-86 所示，设计生成一个"文档名称+-assets"文件。

技巧：如果要导出不同的格式，直接修改图层文件名称的后缀格式即可。

软件实践：生成工具、图层面板，示例如图 2-86、2-87 所示。

图 2-86

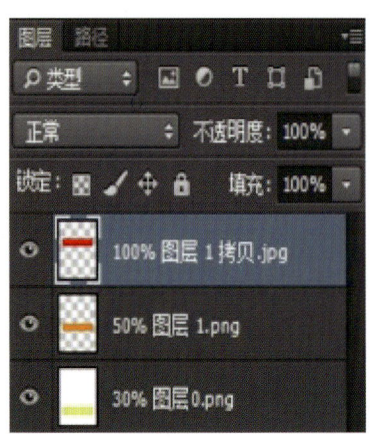

图 2-87

4. 导　入

导入用于从扫描仪或数码相机等设备获取图像文件，如图 2-88 所示。

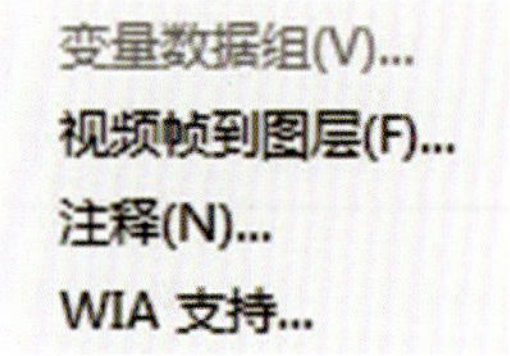

5. 脚　本

使用脚本语言程序执行相应的命令，尤其重复性、机械化动作或者批处理，可以节约制作时间。毫无疑问，脚本语言增强了 Photoshop 的潜在功能，脚本功能对学习者的素质要求也提高了，如图 2-89 所示。

图 2-88　导入

6. 自　动

软件自动处理一个或者多个文件，如图 2-90 所示，常常需要与动作面板配合使用。

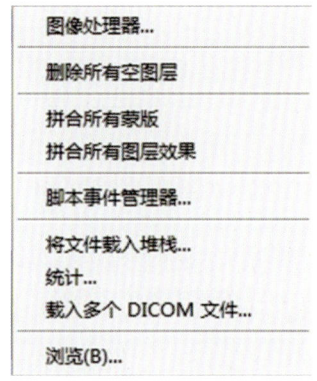

图 2-89　脚本

图 2-90　自动处理

（1）批处理。

对多个图像或者文件夹执行同一个动作操作，实现操作自动化，可以打开、关闭文件，更改图像的存储位置，如图 2-91 所示。

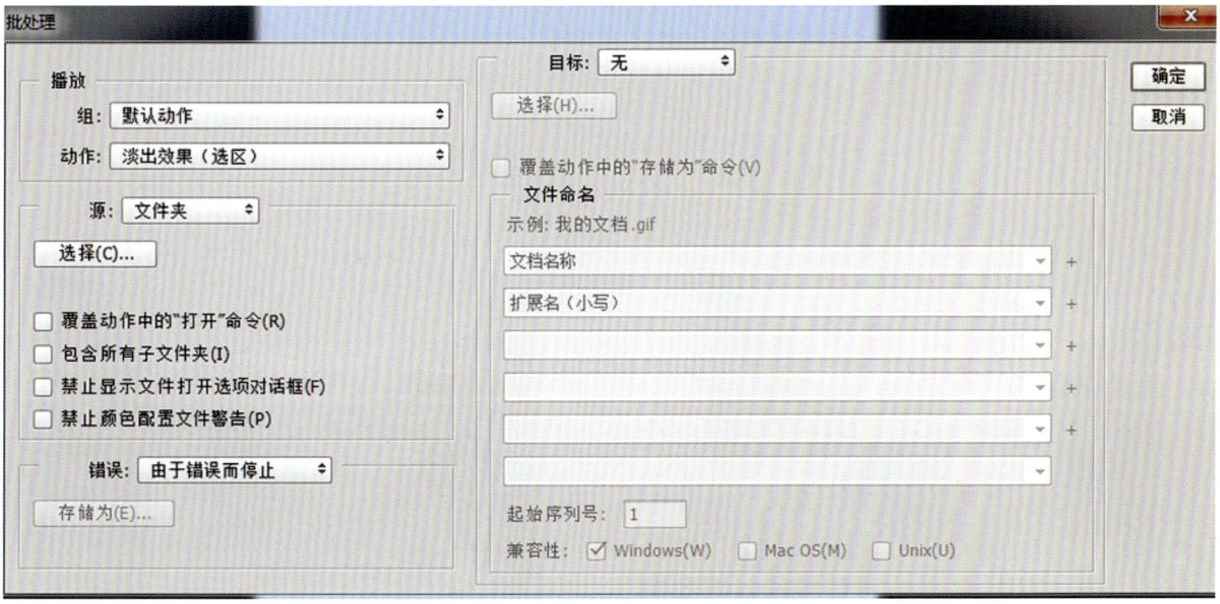

图 2-91　批处理

播放：选择要应用的组名称和动作。

源：选择需要的选项（文件夹：对存储在计算机中的文件执行播放动作；导入：对数码相机或者扫描仪的图像导入和播放；bridge：对选定的文件执行播放动作）。

目标：选择处理文件的目标。错误：处理错误的选项。

（2）创建快捷批处理。

若要对大量图像进行同样的动作处理，必须先创建需要的动作。

（3）PDF演示文稿。

将大量图像创建为多页面文档或放映幻灯片演示文稿，如图2-92所示。

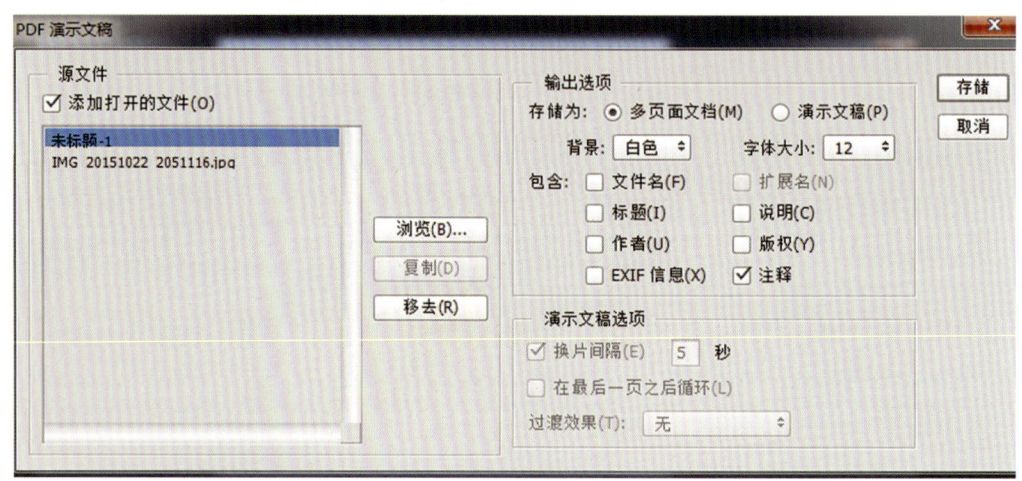

图2-92　PDF演示文稿

浏览：浏览并且向PDF演示文稿添加文件。

源文件：移去不需要的文件和更改图像的先后顺序。

多页面文档：创建图像在不同页面上的PDF文档。

演示文稿：创建PDF放映幻灯片演示文稿。

换片间隔：演示文稿在播放图像停留的时间长度。

过渡效果：两个图像之间的转换方式。

（4）裁剪并修齐。

该命令对图像内容进行裁剪和修成单独的照片，也可以进行批量图像修正或者校正倾斜的图像。

软件实践：裁剪并修齐，如图2-93（a）和（b）所示，注意：两幅图的宽高比变化。

（a）

（b）

图2-93

（5）联系表Ⅱ。

预览图像，将图像编为目录或者联系表。

（6）Photomerge。

调节命令属性，选择两个以上的图像并合并成为全景图，示例如图2-94所示。

图 2-94

（7）合并到HDR。

将拍摄于同一人物或场景的多幅图像（曝光度不同）合并在一起。

软件实践：合并到HDR、云彩滤镜、仿制图章工具、修复画笔工具，示例如图2-95～2-97所示。

图 2-95　　　　　　　　　　　　　图 2-96

图 2-97

（8）条件模式更改。

将图像原来的颜色模式改为指定模式。

（9）限制图像。

在不改变图像长宽比的前提下，将图像限制为指定宽度和高度。

二、编　辑

编辑菜单主要对图像进行简单的编辑和软件设置，常用命令有选择性粘贴、拼写检查、填充、描边、操控变形、透视变形、预设、颜色设置、首选项等。

1．拼写检查

这个命令与 Word 自动更正选项功能相似，检查输入的文本，支持英语，不支持其他语种，尤其 Photoshop 中文版。

2．查找和替换文本

主要作用是查找单词、字符等，将查找到的内容改为其他。

3．填　充

这个命令与工具箱油漆桶相似，很多命令和选项集中在一起，属性如图 2-98 所示。

4．描　边

对选框或者对象进行描边，属性如图 2-99 所示。

图 2-98　填充

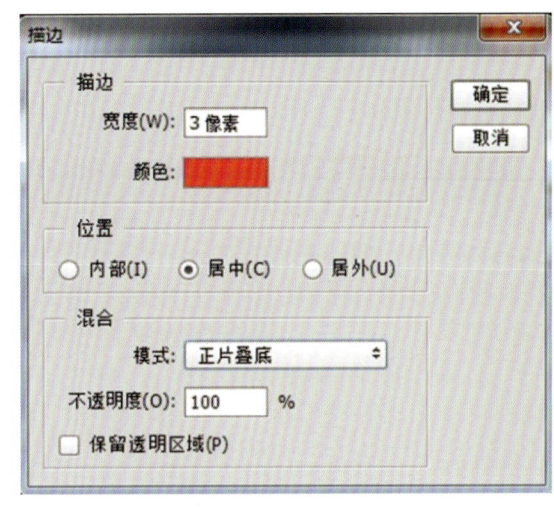

图 2-99　描边

5. 操控变形命令

拖住这些网状的格子可以更改图像的形状。

软件实践：右下角的图是使用了该命令以后的效果，使用操控变形命令，示例如图 2-100 所示。

图 2-100

6. 透视变形命令

单击该命令，在图像上确定几个变形点，然后拖动，就会出现透视变形效果。

软件实践：透视变形命令、文字输入工具，示例如图 2-101 所示。

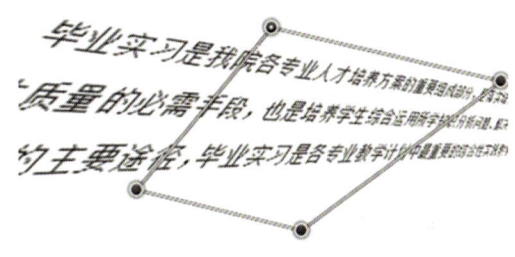

图 2-101

7．内容识别缩放

内容识别缩放主要作用：更改图像可视内容时，前景和背景的图形分开，背景改变而里面的图形不会变化太大。工具属性从左往右如图2-102所示。

图 2-102　内容识别缩放

参考点位置：中间白色方块确定缩放对象时围绕的固定点。在默认情况下，在参考点位于图像中心；X 和 Y：输入参考点特定的位置；点击三角形按钮，指定相当于当前参考点位置的新参考点位置；W 和 H：输入图像按照原始大小缩放的百分比，可以等比缩放；数量：内容识别缩放与常规缩放的比例；保护：可以选择一个 alpha 通道，通道中白色对应的图像不会变形；保护肤色：保护包含肤色图像的区域，避免在缩放的时候发生变形。导入图像，点击命令，修改属性，进行缩放，中间的角色相比较原图没有发生非常明显的变化，只是图形变小。

软件实践：内容识别缩放、移动工具、选择工具，进行缩放时候效果如图2-103所示。

图 2-103

8．变　换

变换是指对图像进行缩放、斜切、旋转、扭曲、透视、变形、翻转处理。

软件实践：当鼠标指针的移动方向发生斜切变形时，效果如图2-104所示。

图 2-104

软件实践：变换（透视）、填充命令，示例如图2-105所示。

9．颜色设置

导入图像后打开此选项工具调整颜色设置，如图2-106所示。

第二章　Photoshop CC 2015 图像处理方法

图 2-105

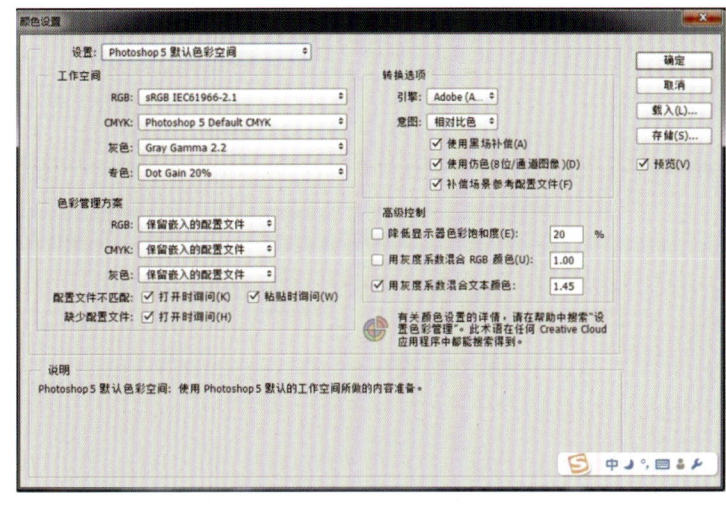

图 2-106　颜色设置

设置：颜色设置决定应用程序使用的颜色空间。工作空间：色彩模型指定的工作空间配置文件。色彩管理方案：管理颜色模型中的颜色。

10. Adobe PDF 预设

制作文档输出时，要求不一样，选择适合用户自己的 PDF 预设，如图 2-107 所示。

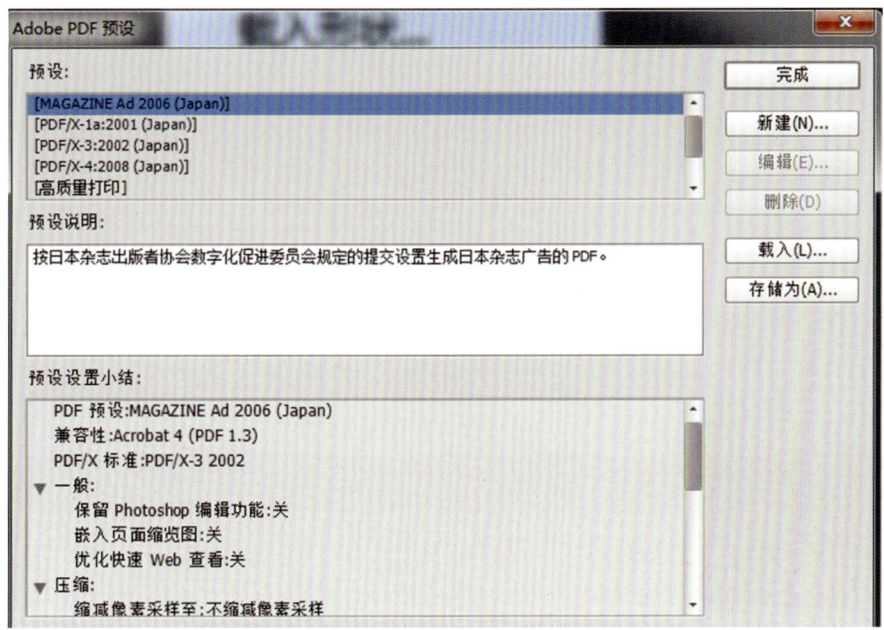

图 2-107　Adobe PDF 预设

11. 预　设

如图 2-108 所示，设置常用的属性或者进行迁移到其他版本的 Photoshop 软件，这个命令可以与首选项结合使用，一般不常用。预设管理器有 8 种工具的预先使用设计，如图 2-109 所示，选择需要载入的预设项目，即可载入预设内容。点击迁移预设，可以将 Photoshop CS3 和其他版本中的预设、工作区和设置转移到 Photoshop CC 中。点击导出/导入预设，可在工作组范围内所有计算机共享自定义设置。

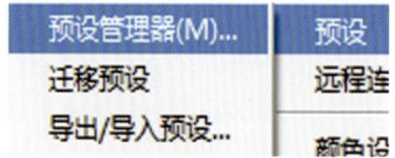

图 2-108　预　设

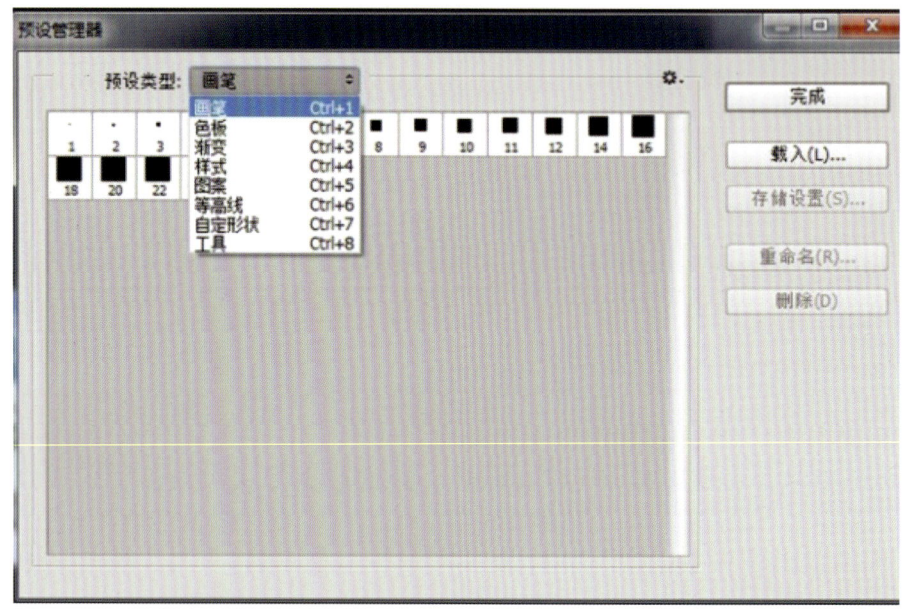

图 2-109　预设类型

12．清　理

常用于清理系统内存，有还原、剪贴板、历史记录、全部、视频高速缓存。在进行 Photoshop 操作中一部分数据存放在内存中，点击该命令即可清除系统无用的操作数据。

13．指定配置文件

主要作用：图像最佳显示效果。不同媒介的色彩管理有差异，导入图像色彩时若软件不清楚以何种设备显示时，点击该命令，在弹出的面板中点击配置文件下拉菜单，转换为另一种配置文件显示，如图 2-110 所示。

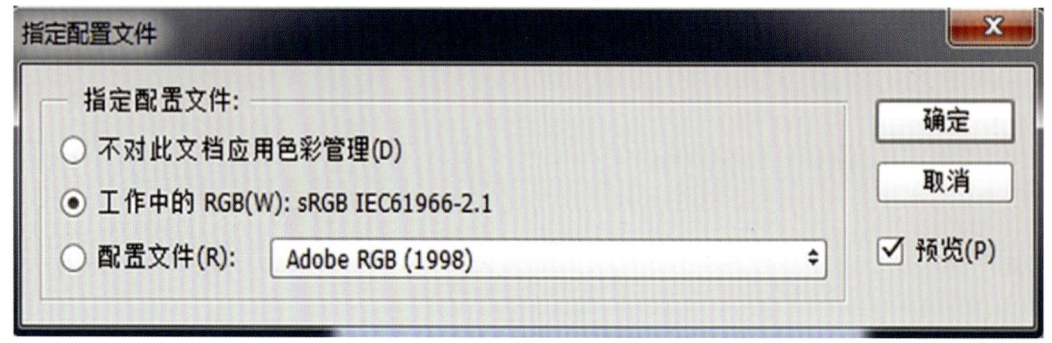

图 2-110　指定配置文件

14．转换为配置文件

色彩空间保存的图像调整为了另外一种色彩空间，如图 2-111 所示。

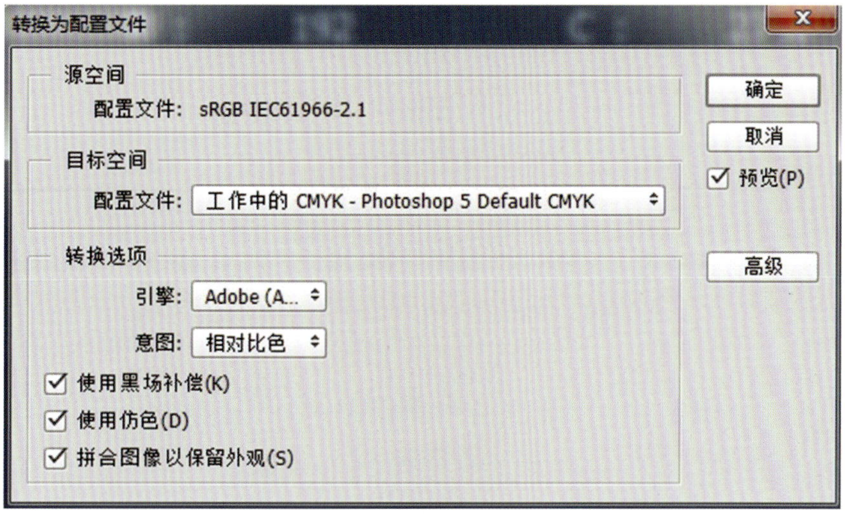

图 2-111　转换为配置文件

15. 首选项

首选项主要进行软件优化设置，如图 2-112 所示。

点击工具---过界，界面四周出现滚动条，可以使用抓手或者滚轮移动画布。点击界面---UI 缩放，用户使用高分辨率显示器时，根据需要缩放软件 UI 界面以防止文字太小。点击导出---快速导出格式，勾选透明度，点选"每次询问导出位置"。点击界面---外观（颜色方案色板）可以更改外观界面颜色亮度。点击性能工具，改变暂存盘、调节内存使用等点击增效工具，软件增加了一些有价值的功能。点击透明度与色域工具，修改透明区域设置、色域警告。

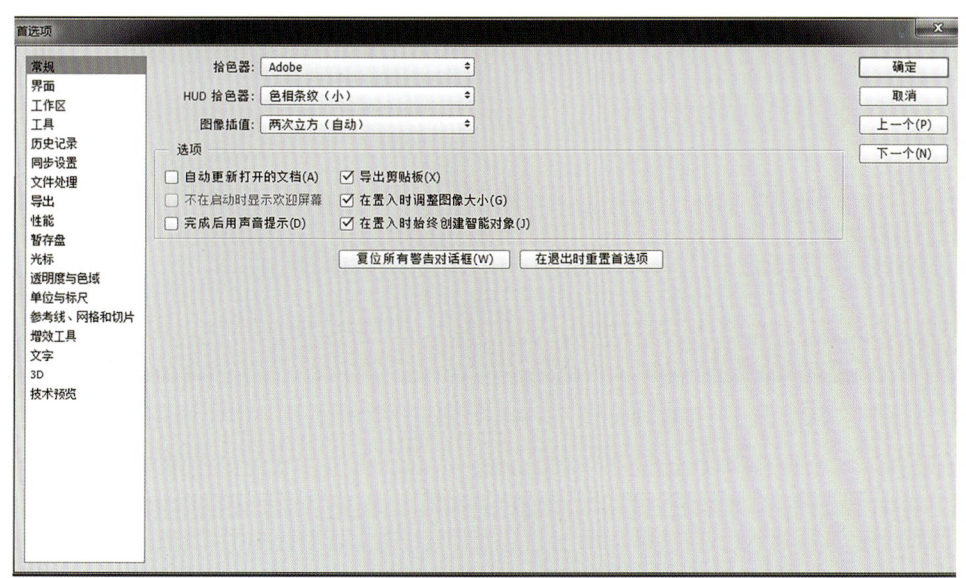

图 2-112　首选项

三、图　像

图像菜单主要作用是对图像色彩相关的属性进行调整，如图 2-113 所示，主要命令：模式、调整、自动色调（对比度、颜色）、裁切、应用图像、陷印、显示全部、计算、分析等。

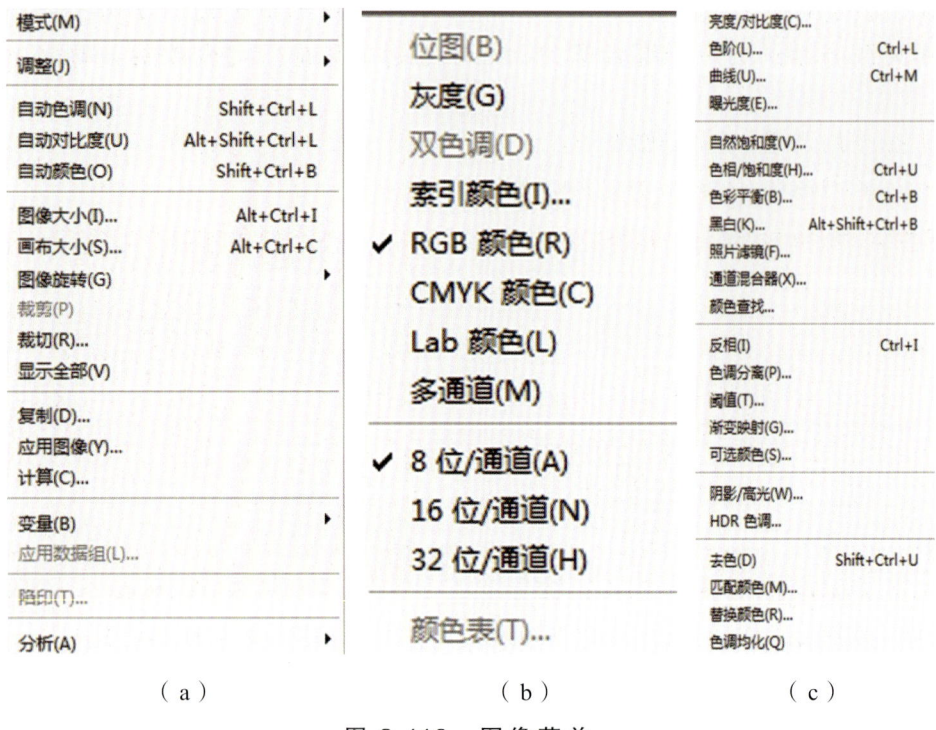

（a） （b） （c）

图 2-113 图像菜单

软件实践：调整菜单命令示例如图 2-114 所示。

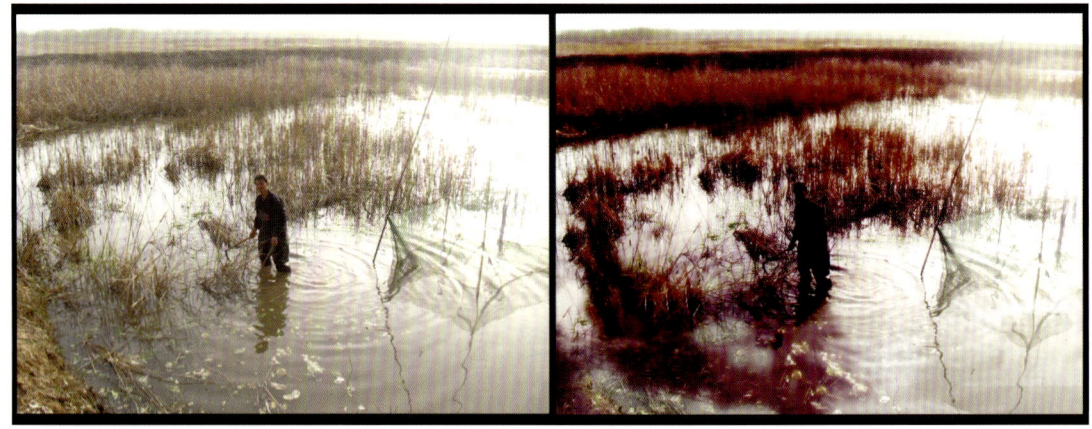

图 2-114 《水塘》（刘会军）

1. 模　式

图像中各种颜色组织方法，各种模式和通道有对应的设计要求，经常进行 RGB 和 CYMK 色彩模式转换。点击视图---校样设置---工作中的 CMYK，查看 CMYK 模式下图像效果，见图 2-113（b）。

2. 应用图像

多应用在两张或者多张图像，将图像的图层、通道与现用的图层、通道混合，图像的像素尺寸、颜色模式必须一致，这样可以产生特殊的混合效果，有时也应用于印刷前制版时图像调整，也可以应用于人像摄影的后期色彩调整。

如图 2-115 所示，源是两张或者多张图，第一张图 ps 到第二张图，第一张是源，第二张是目标。蒙版是在目标图层建立选区。预览是在图像窗口预览效果。反相是在计算中使用通道内容的负片。混合是选取一个混合选项。如果通过蒙版应用混合效果，勾选蒙版，选择图像和图层。

软件实践：应用图像，示例如图 2-115 所示。

软件实践：陷印，示例如图 2-116 所示。

图 2-115

图 2-116

3. 陷　印

色块的衔接处有交错叠加，避免在印刷的时候出现小缝隙，可以将图像转换，点击图像---模式---CMYK，然后点击陷印，出现对话框，填写宽度数值，单击确定，如图 2-116 所示。

4. 自动色调、自动颜色、自动对比度

增强图像清晰度，自动校正图像的颜色，示例如图 2-117、2-118 所示。

图 2-117

图 2-118

5. 调整系列菜单

调整菜单的命令主要是调节各种图像颜色。

（1）色阶。

色阶命令常常与其他命令结合对图像调色，也可以用来进行抠图，将如图 2-119 所示效

果调整为如图 2-120 所示效果，具体做法：在通道中复制一个颜色通道，关闭其他的通道，点击色阶吸取杂色，留下空白底色，然后新建图层，填充颜色，更改图层属性。

软件实践：色阶、填充工具，示例如图 2-119、2-120 所示。

图 2-119

图 2-120

（2）曝光度。

调整图像色调的强弱，这个命令与摄影的曝光度有些类似。

曝光度调节图片的光感强弱，曝光时间越长，颜色越亮。位移命令调节图片的中间色调数值。灰度系数校正是加深或者减弱图片灰色部分，以增加暗部的层次。将如图 2-121 所示效果调整为如图 2-122 所示效果，经过曝光度调整的图片颜色比较亮丽。

软件实践：曝光度，示例如图 2-121、2-122 所示。

图 2-121

图 2-122

（3）照片滤镜。

模拟光学特效调整或者修正当前图层图像的光线和色温，其属性如图 2-123 所示，有很多种类滤镜和颜色可以调节。

工具属性：① 使用作用是选择滤镜和颜色。② 浓度作用是颜色调整幅度。③ 保留明度作用是若勾选该命令，添加颜色滤镜时不使图像变暗。

软件实践：照片滤镜，示例如图 2-123 所示。

图 2-123

（4）通道混合器。

以图像当前通道颜色为基础混合修改图像颜色。

输出通道：混合一个或者多个通道输出。原通道：该通道在输出通道所占百分比。常数：添加不透明度的黑色或者白色通道影响图像颜色。

软件实践：通道混合器，示例如图 2-124、2-125 所示。

图 2-124　　　　　　　　　　　　　　图 2-125

（5）阈值。

一张灰度图像或彩色图像转变为高对比度的黑白图像，阈值色阶数值大小将影响黑白灰效果，其工具属性如图 2-126 所示。

软件实践：阈值，将如图 2-127 所示效果调整为如图 2-128 所示效果。

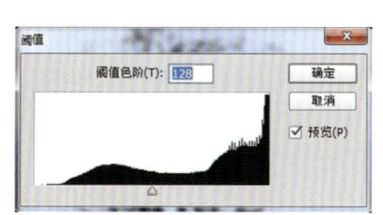

图 2-126　阈值　　　　　　　图 2-127　　　　　　　图 2-128

（6）色调分离。

使用该命令指定通道中色调的像素数目将被映射为最接近的匹配色调，如图 2-130 所示。

软件实践：色调分离，将如图 2-129 所示效果调整为如图 2-130 所示效果。

图 2-129　　　　　　　　　　　　　　图 2-130

（7）渐变映射。

渐变映射是指将利用图像灰度颜色范围映射到指定的颜色范围，如图 2-132 所示。

软件实践：渐变映射，示例如图 2-131、2-132 所示。

图 2-131　　　　　　　　　　　　　　图 2-132

（8）阴影/高光。

调整图像阴影和高光区域，如图 2-134 所示，修复图像中太亮或者太暗的色彩。

软件实践：阴影/高光，示例如图 2-133、2-134 所示。

 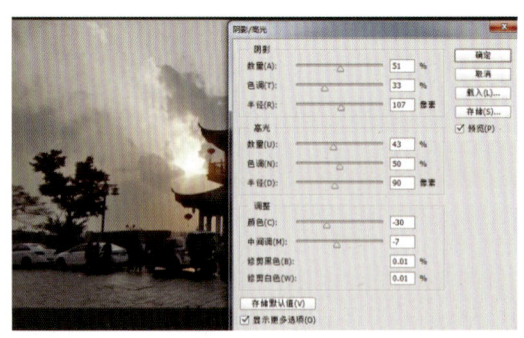

图 2-133　　　　　　　　　　　　　　图 2-134

（9）HDR 色调。

调节属性，实现图像高光和阴影部分的细节很清晰。

（10）匹配颜色。

调节不同图像之间，多个图层或者颜色选区之间颜色，如图 2-135 所示。

明亮度调整图像的明亮度。颜色强度调整图像颜色浓度。渐隐调整图像混合程度。中和作用是匹配的目标图像与来源图像颜色中性混合，以产生丰富的混合颜色。

软件实践：匹配颜色，示例如图 2-136、2-137 所示。

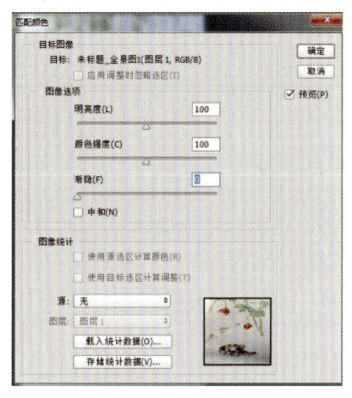

图 2-135　匹配颜色　　　　　　　　　　　　图 2-136

图 2-137

（11）色调均化。

重新分配图像像素亮度数值，达到色调统一，提高图像画面亮度，这样颜色更加丰富，这个命令对颜色灰暗的画面非常有效果。

软件实践：色调均化，示例如图 2-138、2-139 所示。

图 2-138　　　　　　　　　　　　　　　　图 2-139

（12）可选颜色。

为选定的颜色增加颜色，从而实现改变色彩目的。

6．显示全部

软件自动检测图像中上下层之间的像素，自动扩大画布，显示全部内容。

7．计　　算

在通道中混合运算产生新的 alpha 通道、选区等，可以选择合成结果的方式。结果是选区或者通道，以应用不同于图层混合模式、新图像、选区，如图 2-140 所示。混合模式比较多，应该在实践中多尝试，如强光模式产生光线照射的效果；滤色模式图像形成鲜明的色差，用于人像的磨皮。

软件实践：画笔工具、选择工具、计算，示例如图 2-140 所示。

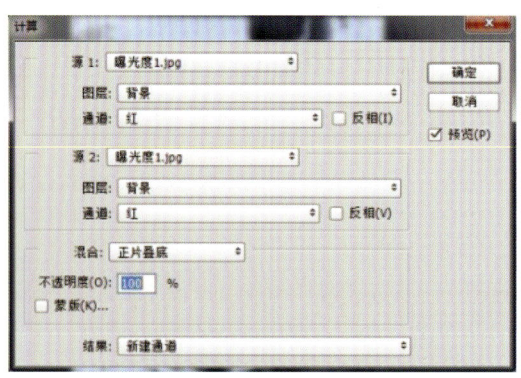

图 2-140

8．变　　量

创建数据魔板定义变量，软件自动完成更改图像内容，多用于成批处理设计，制作卡片或者证件等。

9．分　　析

制作图像的分析图，有设置测量比例、选择数据点、记录测量、标尺工具、计数工具、置入比例标记等，如图 2-141 所示。工具栏也有标尺工具和计数工具，常用于环境艺术、工业设计。分析图主要流程是选择画笔笔触进行设置，制作路径，然后变化绘制，示例如图 2-142 所示。也可以使用软件 AI 制作分析图。

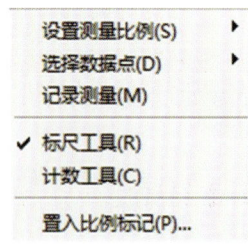

图 2-141　分析

图 2-142

（1）记录测量。

先进行选择，然后使用数据点和记录测量工具，可以导出图像具体的属性和内容。

软件实践：选择工具、记录测量，示例如图 2-143、2-144 所示。

图 2-143

图 2-144

（2）标尺工具。

标尺工具主要作用是测量物体倾斜度和长度，用法是按住鼠标左键进行拖动就可以了，按住 Shift 键可以拖出一条直线，工具属性栏从左往右依次出现起始点、坐标、角度、距离的数值，如图 2-145 所示。

图 2-145 标尺工具

当点击拉直图层，图像的角度会发生变化，这个命令与图像旋转用法很相似。点击清除按钮可以取消标尺。

软件实践：标尺工具，示例如图 2-146、2-147 所示，先用标尺，再用污点修复和图章工具。

图 2-146　　　　　　　　　　　　　图 2-147

（3）计数工具。

计数工具主要作用是统计画面重复的元素，使用的时候在需要标注的地方点一下就出现一个数字，可以更改标记的颜色和图像大小，如图 2-148 所示。

图 2-148　计数工具

软件实践：计数工具，示例如图 2-149 所示。

图 2-149

软件实践：照片调色，示例如图 2-150、2-151 所示。

图 2-150　　　　　　　　　　　　　图 2-151

提　示：图像处理过程可以通过动作功能实现自动批处理！

软件实践：设计梦幻蓝色调，示例如图 2-152、2-153 所示，使用工具通道、可选颜色、照片滤镜、色相/饱和度、色阶、蒙版、不透明度、高斯模糊、图层混合模式。

图 2-152　　　　　　　　　　　　　　　图 2-153

四、图　层

图层菜单主要作用对图层实施编辑，很多命名可以在图层单击右键调出操作，需要与图层面板、历史记录、通道面板、工具箱等结合使用，如图 2-154 所示，主要命令：智能对象、视频图层、栅格化、排列、修边。

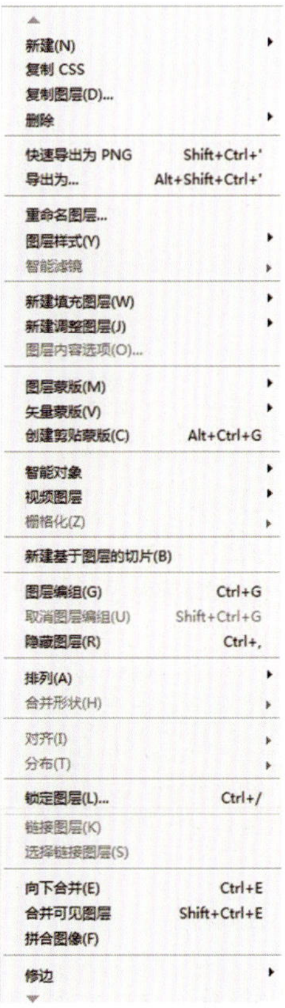

1. 图层样式

图层相当于一张张叠加的透明胶片，图层样式针对图层内容广泛应用于各种效果，样式应用于一个或者多个图层组，它与图层面板配合使用，也可以在图层双击左键或者单击右键，选择混合选项，然后选择需要的图层样式，如图 2-155、2-156、2-157 所示。

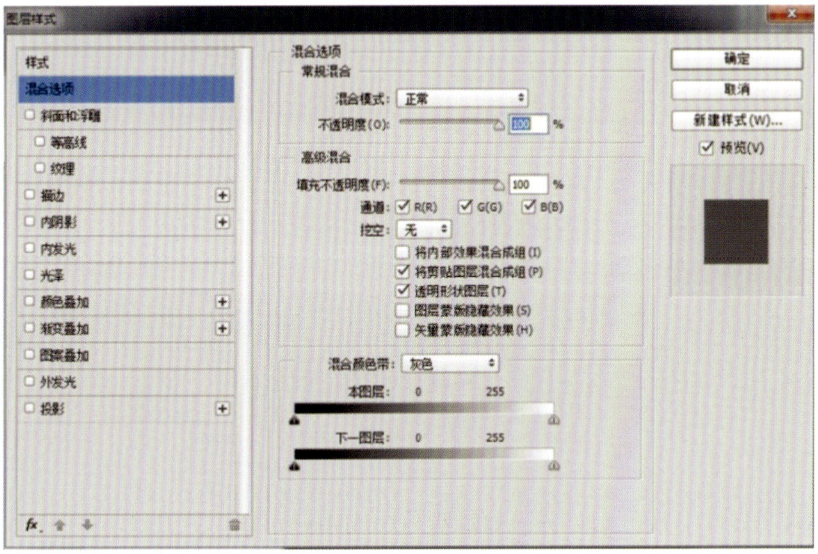

图 2-154　图层

图 2-155　图层样式

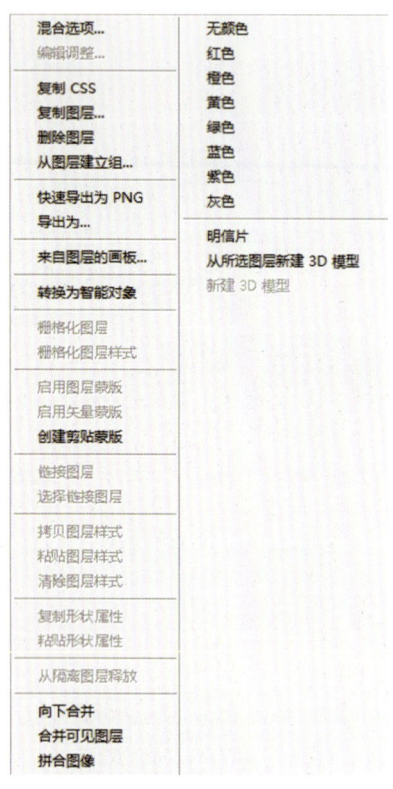
图 2-156

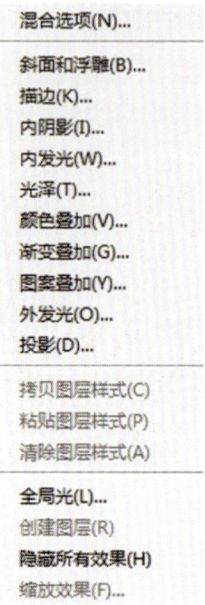
图 2-157

软件实践：图层样式、文字工具、字符面板，示例如图 2-158、2-159 所示。

图 2-158

图 2-159

软件实践：图层样式，示例如图 2-160 所示。

图 2-160

2. 图层蒙版

点击该命令可以为一个图层添加一块蒙板，以黑色、白色为填充依据，对图像进行隐藏或者显示操作，也可以通过图层面板进行添加，控制图层中的区域，从而通过对蒙板的编辑获得选区或制作图层效果。

3. 矢量蒙版

借助路径、形状、钢笔等对选区进行精细调整，任意缩放蒙版并不影响图像的清晰度，保证原图不损的情况下编辑图像。

软件实践：选择、路径、矢量蒙版（当前路径），示例如图 2-161、2-162 所示。

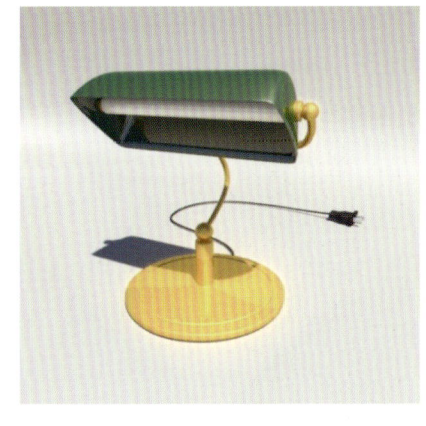

图 2-161

图 2-162

4. 智能对象

点击该命令，在放大图像的时候可以保留图像的原始数据和特性，普通图层转化为智能图层，能保障图像质量无损，保存自由转换设置。点击文件---转化为智能对象，符合图像要求的文件打开为智能对象，如图 2-163 所示。

5. 视频图层

如图 2-164 所示，从文件新建视频图层：选择图像或者序列文件，软件默认格式的文件导入，图层面板增加新的视频图层。新建空白视频图层：在文件指定图层新建视频或者动画层。

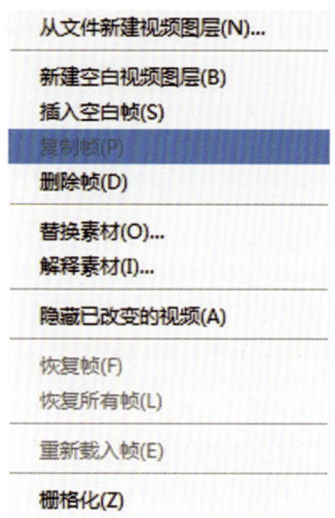

图 2-163　智能对象　　　　　　　　　图 2-164　视频图层

6. 创建剪切蒙版

两个以上的图层组成，使用一个形状遮盖被剪切的图像，示例如图 2-165、2-166 所示，在蒙版的区域将图裁剪为形状，形成上下图层互相映衬的效果。

软件实践：自定形状工具、选择工具、创建剪切蒙版、画笔工具，示例如图 2-165、2-166 所示。

图 2-165　　　　　　　　　　　　　　图 2-166

7. 栅格化

文字与图形之间转换为一个个栅格组成的位图图像，栅格化以后对文字、图形进行再编辑，应用滤镜、画笔、橡皮擦等工具。也可以在编辑的图层上面单击右键，再选择栅格化，此时图层属性发生变化，点击如图 2-167 所示图层样式命令。

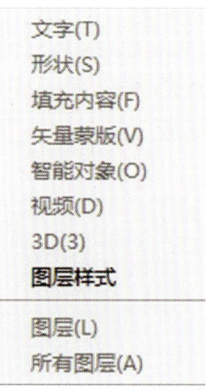

图 2-167　图层样式命令

8. 对齐、分布

对齐、分布主要作用是图层的排列方法，可以选择多种方式进行排列，它与移动工具选项栏部分属性功能相似。选择图形，然后复制两次，点击图层---对齐（分布、排列）等命令。

软件实践：选择工具、移动工具、对齐（分布），示例如图 2-168、2-169 所示。

图 2-168　　　　　　　　　　　　　图 2-169

9. 排　列

当图像有多个图层的时候，用户按照一定的顺序排列图层。通过排列命令改变图层的次序，也可以拖动鼠标左键移动图层。

10. 修　边

当移动、粘贴、抠图后，选区边缘部分像素被带到新的图像中，点击该命令，去除图像黑色、白色以及杂色的边缘问题。如图先选择花朵，移动到另一个文件夹（蓝颜色画笔标示的多余部分），适当用橡皮擦除多余部分，然后再用修边命令。

软件实践：快速选择工具、修边，示例如图 2-170、2-171、2-172 所示。

图 2-170　　　　　　　　　图 2-171　　　　　　　　　图 2-172

软件实践：渐变映射、图层面板、画笔工具、滤镜库，示例如图 2-173、2-174 所示。

图 2-173

图 2-174

五、文　字

文字菜单和字体输入工具相关，如图 2-175、2-176 所示，个别命令的功能与 Office 系列软件相似，从而使 Photoshop 的图像创意功能强大，如面板、创建 3D 文字。文字设计研究笔画、结构、字据、行间、编排等，文字元素应用于图像与颜色的变化，以简洁、直观的图形增加设计艺术效果，文字在设计中应用范围广泛。

图 2-175　文字工具属性栏

软件实践：文字工具、描边、填充、滤镜库，示例如图 2-177 所示。

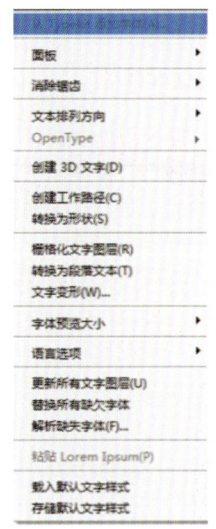 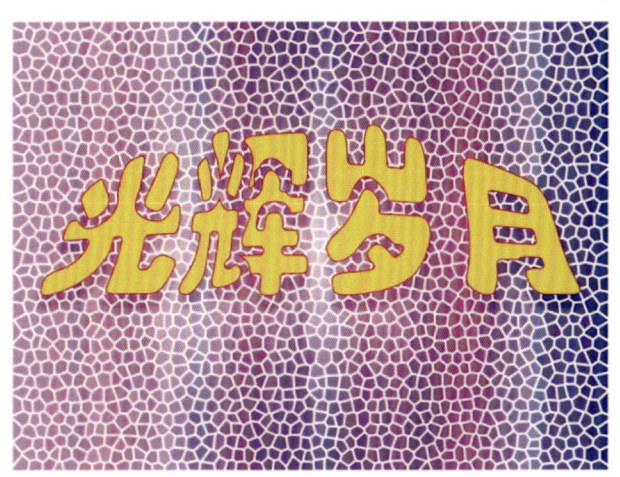

图 2-176　字体输入工具　　　　　　　　图 2-177

1. 面　板

窗口---段落面板，修改、突出显示句子，如图 2-178 所示。

窗口---字符面板，修改选定字母、单词或短语的样式，如图 2-179 所示。

段落样式和字符样式，可以存储为默认字体样式，这个面板与 Office 系列软件很相似。在很多软件也有类似的面板。

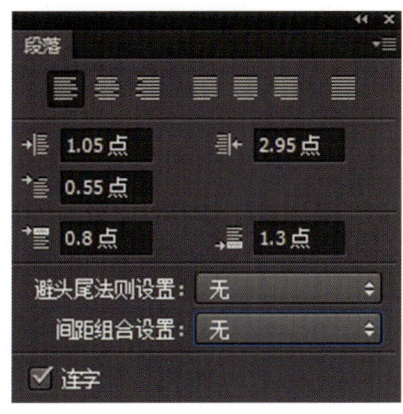 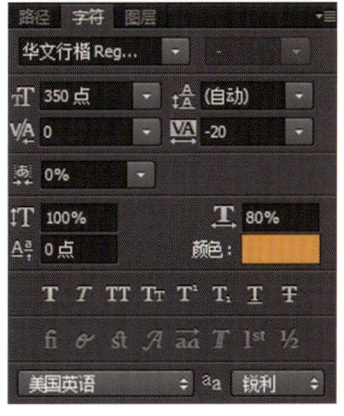

图 2-178　段落面板　　　　　　　　图 2-179　字符面板

软件实践：利用段落面板和字符面板设计字体，示例如图 2-180 所示。

图 2-180

窗口---字符样式，按照选择字符的格式创建新的样式，统一进行字体编辑。

学习建议：字符样式与段落样式进行比较。

2. 消除锯齿方式

由于位图像素之间有锯齿，Photoshop 可以采用栅格化转换像素或者转换形状以消除锯齿，在这版本软件中，有 7 种应用方式消除锯齿。

3. 文本排列方向

点击该命令，可以调整文字为横、竖方向排列。

4. 创建工作路径

字符转化为矢量形状工具处理，输入文字，点击该命令，文字轮廓可以转换为路径，然后可以进行其他操作，设计字体如图 2-181 所示。

图 2-181　设计字体

软件实践：利用椭圆选框工具、文字工具、路径面板、字符面板沿着路径创建文字，示例如图 2-182 所示。

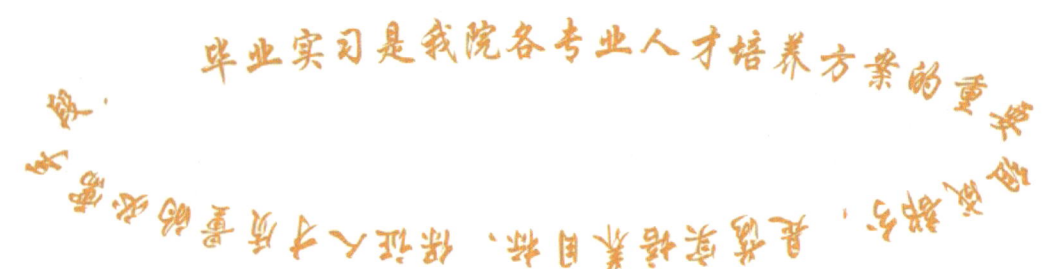

图 2-182

5. 创建 3D 文字

点击该命令，界面如图 2-183 所示，右下角红色范围是 3D 面板。创建 3D 文字的思路如图 2-183 所示。

第二章　Photoshop CC 2015 图像处理方法

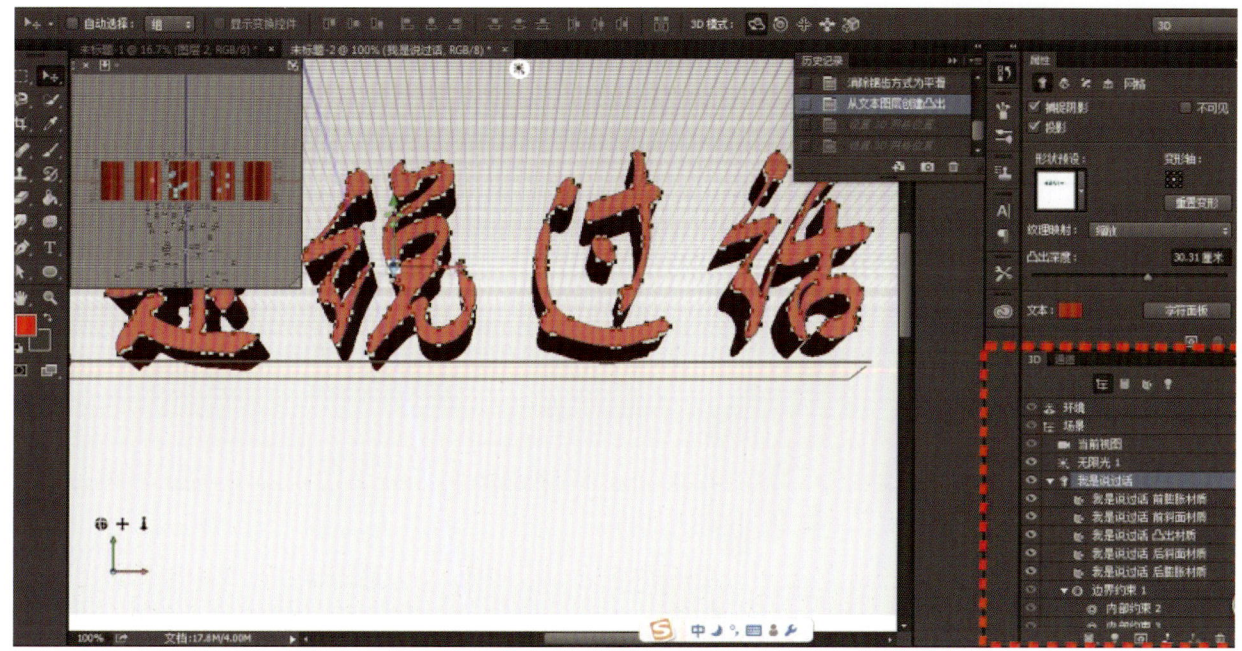

图 2-183　创建 3D 文字

软件实践：文字工具、创建 3D 文字，示例如图 2-184 所示。

其他的办法也可以创建 3D 文字，如创建文字、栅格化、复制、变形、图层模式等调节属性方式创建 3D 文字，在属性面板、3D 面板调节图像属性，如图 2-185 所示。

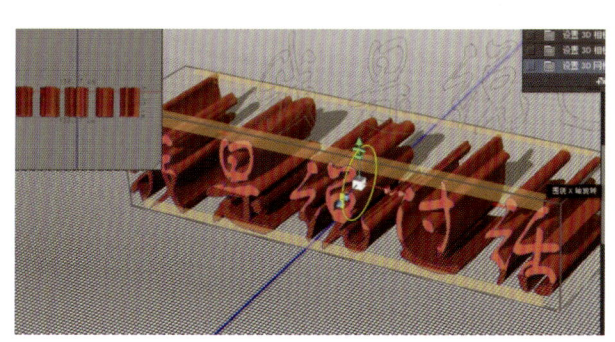

图 2-184

图 2-185　属性面板、3D 面板

曾经，这种效果在三维软件很容易做出，希望这个命令能启发我们的创意思维。

6. 文字变形

通过变形使文字更加具有视觉冲击力，该命令有 16 种文字变形样式，如图 2-187 所示。

软件实践：文字工具、文字变形，示例如图 2-186 所示。

 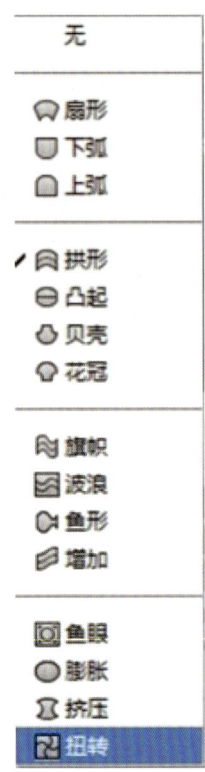

图 2-186　变形文字　　　　　　　　　　　　　　图 2-187

软件实践：文字工具、从图层新建网格、滤镜库制作《结婚纪念片尾》，示例如图 2-188 所示。

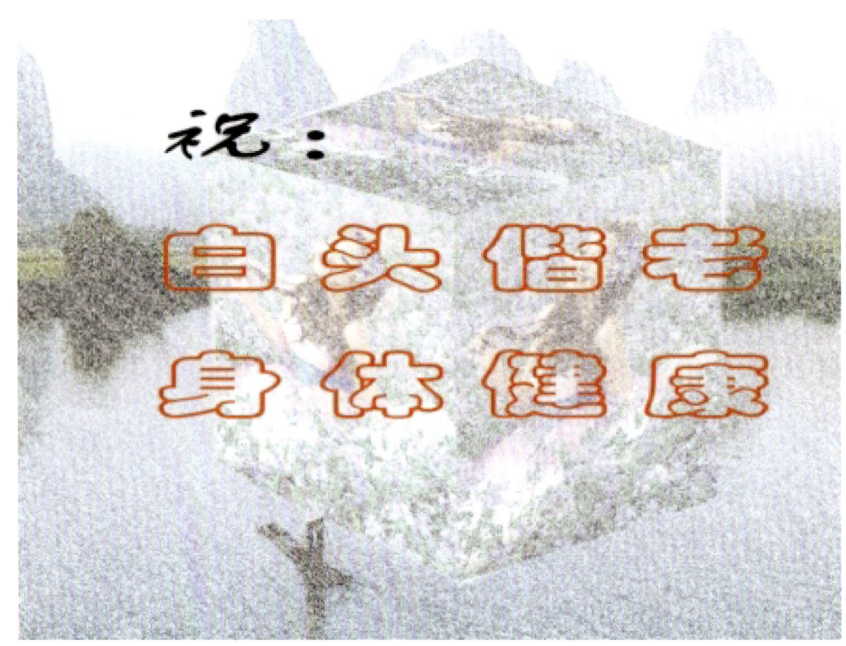

图 2-188

软件实践：文字输入、剪贴、自动颜色、图层样式、透明度、镜头光晕滤镜，示例如图 2-189 所示。

图 2-189

六、选 择

选择菜单主要针对图像选区编辑，如图 2-190 所示，主要命令有隔离图层、查找图层、色彩范围、焦点区域、选取相似、新建 3D 模型。

1. 隔离图层

文件多的图层，由于没有给图层取名，选择操作会出现选错情况，如图 2-191 所示，点击这个命令可以单独显示选择需要隔离的图层，如果需要对其他图层操作，再次点击这个命令。

2. 查找图层

快速查找想要的图层，将鼠标放在想要的图形上面，同时按住 Alt 键和鼠标右键，就能找到想要的图层。如图 2-192 所示，点击该命令，图层面板出现名称的闪烁提示。

图 2-190　选择

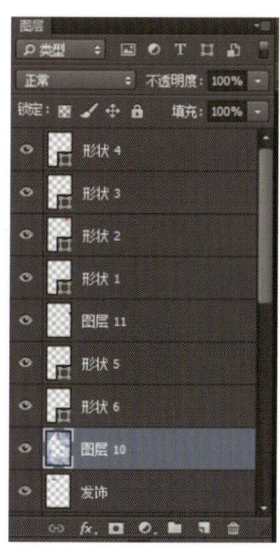

图 2-191　隔离图层

图 2-192　查找图层

3. 焦点区域

通过相似的背景或焦点增加选区范围进行图像抠图，方法简单快捷，如图 2-193 所示。

软件实践：焦点区域，示例如图 2-193 所示。

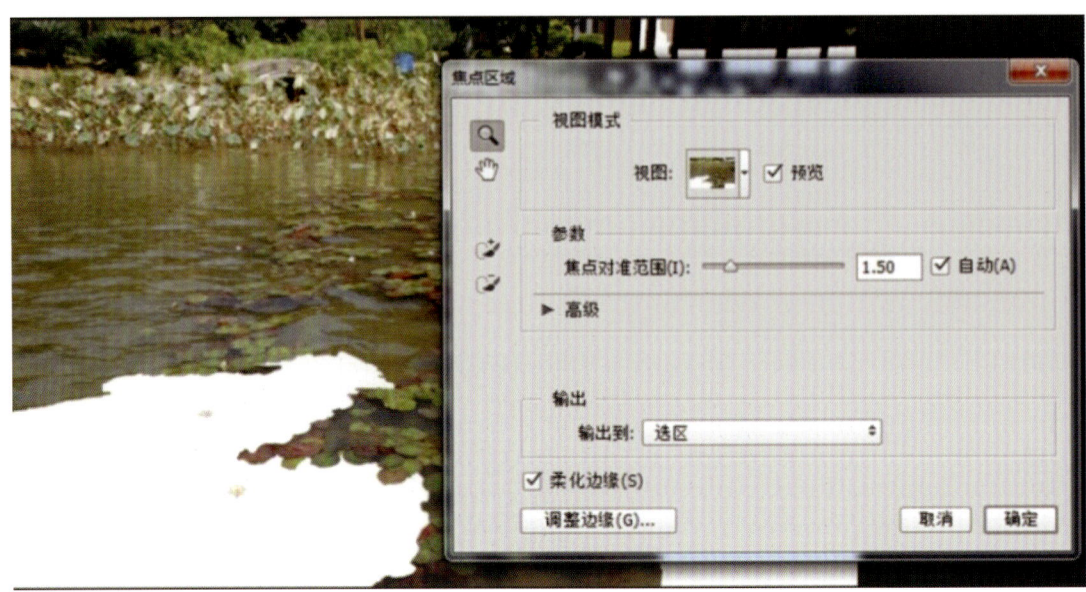

图 2-193

4. 色彩范围

根据图像颜色范围创建选区，整个图像自动生成选区颜色或相似色彩，这个命令适合抠像操作。单击颜色范围命令，调节相关的属性，就可以看到抠图的效果。

选择：用来设置选区创建方式。颜色吸管：图像中相同的颜色被选中。本地化颜色簇：精确控制选择区域。检测人脸：创建选区时自动依据检测到的人脸进行选择区域。颜色容差：控制颜色选择的范围，数值越大选择范围越广。选择区域：设置图像预览选区的方式。

软件实践：色彩范围，示例如图 2-194 所示。

图 2-194

5. 调整边缘

详见套索工具调整边缘用法，这个工具在矩形选框、椭圆选框中也有应用。

6. 修　改

对已有的选区进行边界平滑、扩展、收缩、羽化（选区边界），经常与选择系列工具和路径等配合使用，以随意调整选区的形态。

7. 选取相似

选区相似的内容或者图像相似的图层被选中，以选取整个图像中位于容差范围内的所有图像，而不是相邻像素。

8. 扩大选取

点击该命令，将选区包含容差范围内的相邻像素选中，如图 2-195 所示。

软件实践：扩大选取，示例如图 2-195 所示。

图 2-195

9. 变换选区

在选区添加变换框，对选区进行变换处理，示例如图 2-196 所示。

软件实践：使用变换选区命令有目的选取，效果如图 2-196 所示。

图 2-196

10. 在快速蒙版模式下编辑

在图像特定的区域建立蒙版进行快速编辑，点击 Q 键进入快速蒙版编辑状态，可以使用画笔、滤镜等修改蒙版，创建的蒙版受保护区域与未保护区域以不同颜色区分，在工具栏下方有快捷方式，点击在快速蒙版模式下编辑，此时通道面板出现一个临时快速蒙版通道，如图 2-197 所示。

图 2-197　在快速蒙版模式下编辑

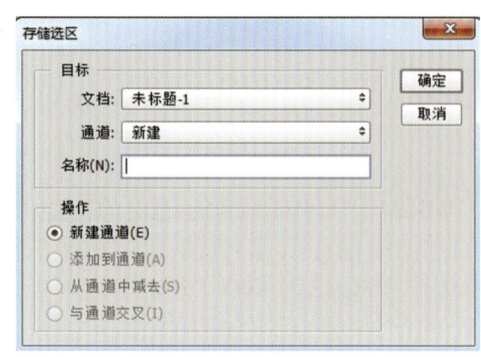

图 2-198　存储选区

11．载入选区

指定图层或通道的选区载入。

12．存储选区

将选区存储为 alpha 通道或者指定通道存储当前文档，对图层、选区、蒙版、路径也可以操作，永久保存以重新使用。

文档：保存选区的目标文件。通道：选区保存的通道。新建通道：当前选区存储在新通道中，如图 2-198 所示。

七、滤　镜

滤镜需要与其他菜单的命令结合实现图像的特殊效果，功能强大的滤镜修饰图像效果如图 2-199 所示，菜单主要有：Camera Raw 滤镜、镜头校正、3D、渲染、模糊。点击编辑---首选项---增效工具，在对话框中勾选"显示滤镜库的所有组和名称"选项。

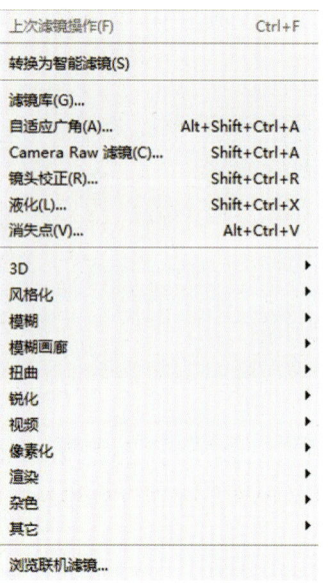

图 2-199　滤镜

软件实践：利用调整菜单、滤镜菜单制作特殊效果，对于滤镜能够灵活应用，示例如图 2-200～2-203 所示。

图 2-200 原图

图 2-201 原图

图 2-202 最终效果

图 2-203 最终效果

1. Camera Raw 滤镜

滤镜功能针对摄影进行图像的修饰、校正，如图 2-204 所示。

图 2-204 Camera Raw 滤镜

2. 镜头校正

镜头校正用于修复常见的镜头缺陷，如失真、晕影、色差以及校正图像的透视。

软件实践：镜头校正，示例如图 2-205 所示。

图 2-205　镜头校正

3. 自适应广角

校正广角透视及其变形问题，可将全景图或广角镜头拍摄的照片中的弯曲线条迅速拉直，该滤镜利用各种镜头的物理特性来自动校正图像。

软件实践：自适应广角，示例如图 2-206 所示。

图 2-206　自适应广角

4. 液　化

液化用于修饰图像的任意区域或创建艺术效果，对图像进行推拉、扭曲、旋转、收缩等处理。如图 2-207 所示，从左到右分别是液化工具、图像预览与操作窗口、高级模式（包括工具选项、重建选项、蒙版选项、视图选项）。

第二章　Photoshop CC 2015 图像处理方法

图 2-207　液化

5. 消失点

对平面图像进行透视校正。消失点菜单包括：编辑平面工具、创建平面工具、选框工具、图章工具、画笔工具、变换工具、吸管工具、测量工具、抓手工具、缩放工具，如图 2-208 所示。

图 2-208　消失点

6. 模 糊

滤镜改变图像的模糊对比度、清晰度和色彩反差。模糊命令二级菜单有：进一步、高斯、径向、特殊、动感、叠加、镜头、方框、平均、形状；模糊画廊追加了不少功能和细节，分为：场景、光圈、移轴、路径、旋转模糊，辅助图像营造出更加真实的模糊效果。

软件实践：场景模糊，示例如图 2-209 所示。

软件实践：移轴模糊，示例如图 2-210 所示。

图 2-209

图 2-210

软件实践：左上角使用旋转模糊的效果，示例如图 2-211 所示。

图 2-211

软件实践：色彩调整、图层、蒙版、不透明度、高斯模糊、模糊画廊，示例如图 2-212、2-213 所示。

图 2-212 原图

图 2-213 最终效果

7. 3D

滤镜分为生成凹凸图、生成法线图，其属性如图 2-214、2-215 所示，我们发现这个功能可以直观地创建 3D 图稿。对于 3D 和工业产品设计的用途很大。

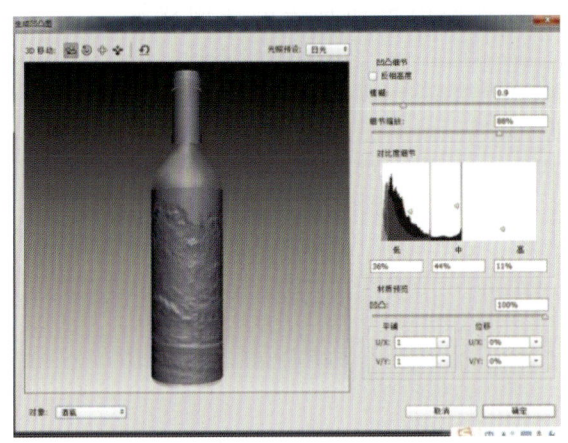

图 2-214　生成凹凸图

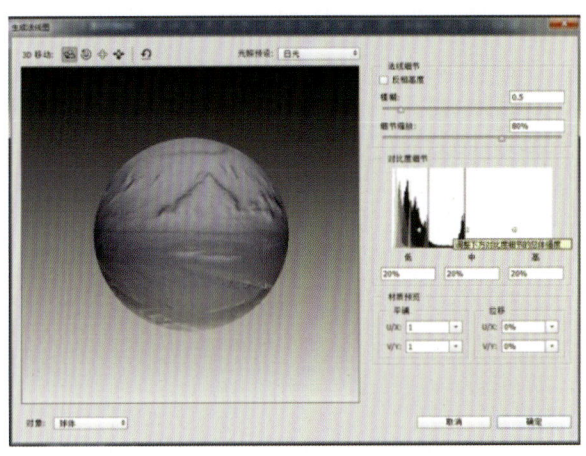

图 2-215　生成法线图

8. 风格化滤镜组

滤镜修饰、增加图像对比度以产生绘画效果，示例如图 2-216～2-222 所示。

查找边缘：图像像素对比形成一个清晰轮廓。等高线：图像线条形成类似等高线效果。风：模拟风吹效果。浮雕效果：图像或者选区形成浮雕。扩散：图像按照规定的方式移动形成一种模糊效果。拼贴：图像产生不规则的瓷砖拼凑效果。曝光过渡：模拟过渡曝光效果。凸出：图像分成一系列立方体等。照亮边缘：增强轮廓与图形的对比度。

图 2-216　原图

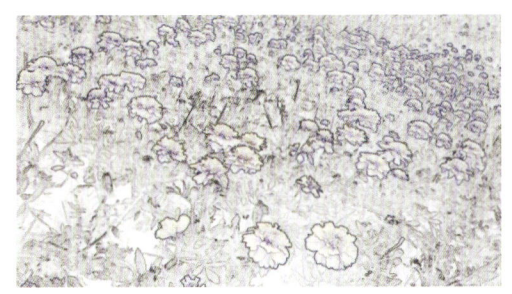

图 2-217　查找边缘

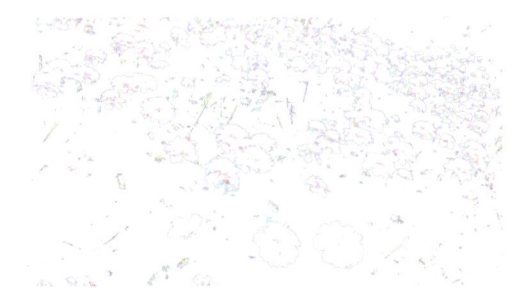

图 2-218　等高线

图 2-219　拼贴

图 2-220　曝光过渡

图 2-221　凸出

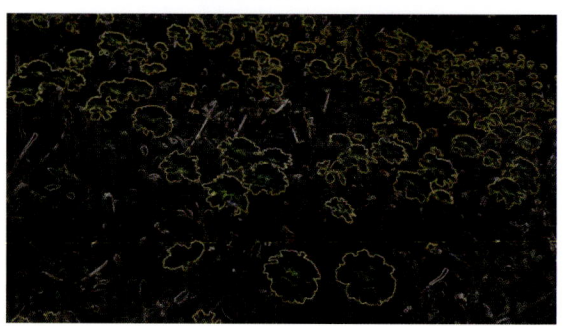

图 2-222　照亮边缘

9. 扭曲滤镜组

改变图像像素的分布，创建各种样式的变形效果。

波浪：创建波状起伏图案。波纹：创建波纹效果。玻璃：模拟玻璃效果或者增加材质的光感。极坐标：平面图像与极坐标转换。挤压：图像挤压效果。扩散亮光：图像产生一种扩散的渐隐式亮光效果。切变：按照设计的曲线扭曲图像。球面化：图像产生球面效果。水波：模拟水池波纹效果。旋转扭曲：图像产生旋转风轮效果。置换：另一张图像的亮度数值使现有图像的像素重新排列产生位移。

10. 锐化滤镜组

增加对比度使图像变清晰。

USM 锐化：锐化图像颜色变化明显的区域。防抖：减少相机运动产生的模糊。进一步锐化：提高图像清晰度，相当于用了两三次锐化滤镜。锐化边缘：锐化图像边缘。智能锐化：设置锐化算法等。

11. 像素化滤镜组

图像分块、点或平面化，然后重新组合成新图像，如彩块化、彩色半调、点状化、晶格化、马赛克、碎片、铜版雕刻。效果如图 2-223 ~ 2-230 所示。

图 2-223　原图

图 2-224　彩块化

图 2-225　彩色半调

图 2-226　点状

图 2-227　晶格化

图 2-228　马赛克

图 2-229　碎片

图 2-230　铜版雕刻

12. 渲染滤镜组

在图像创建 3D 形状贴图、云彩、图案，模拟光线效果，如火焰、图片框、树、分层云彩、光照效果、镜头光晕、纤维、云彩。

云彩：前景色与背景色随机产生的云彩图案。

下图是经过镜头光晕和光照效果调整的效果，相比以前的版本，渲染滤镜的功能增强了。如果继续调整其他的内容，图像的质量非常漂亮。

软件实践：镜头光晕滤镜和光照效果滤镜，示例如图 2-231 所示。

图 2-231

点击图案更改相关的设置，如图 2-232 所示。

软件实践：图案滤镜，示例如图 2-232 所示。

图 2-232

点击树，如图 2-233 所示，更改相关所示设置，发现三维效果树木变得非常简单。

软件实践：树滤镜，示例如图 2-233 所示。

前景色与被景色随即产生纤维效果，点击纤维，更改相关设置，做出一种木质纹理，如图 2-234 所示。

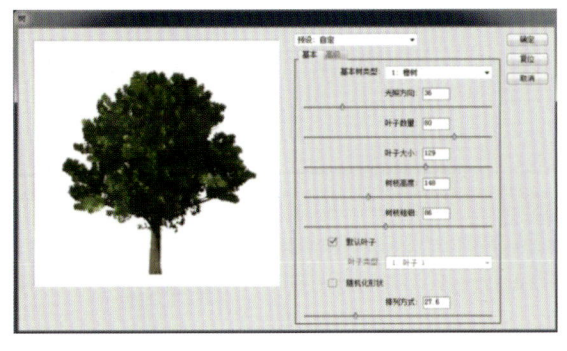 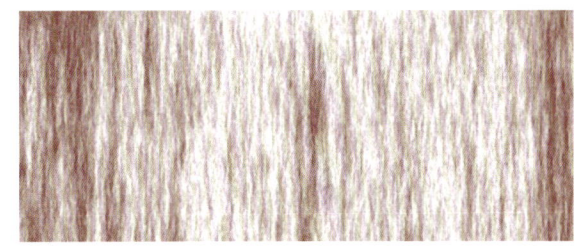

图 2-233　　　　　　　　　　　　　图 2-234

13. 杂色滤镜组

该滤镜组作用是添加、去除图像中的杂色或者随机分布像素，命令如减少杂色、蒙尘与划痕、去斑、添加杂色、中间值。

软件实践：滤镜菜单、图层面板，示例如图 2-235～2-238 所示。

图 2-235 原图　　　　　　　　　　　图 2-236 原图

图 2-237　　　　　　　　　　　　　图 2-238

14. 智能滤镜

直接对智能对象应用滤镜效果，对添加的滤镜进行反复修改。首先选择应用智能对象的图层，然后选择应用的滤镜命令，并设置参数。在所属智能对象图层右侧图标点击鼠标右键，选择"停用智能滤镜",;再次点击,选择"启用智能滤镜";也可以点击删除图层按钮,直接删除智能滤镜。

软件实践:利用字体、羽化、USM锐化滤镜、扩散滤镜、彩块化滤镜、选择、填充、变换命令制作茶叶店彩旗,效果如图2-239~2-241所示。

图2-239　　　　　　　　　图2-240　　　　　　　　　图2-241

八、3D

Photoshop CC版本3D菜单功能与专业的3D软件有区别,如图2-242所示,从菜单命令可以看出:Photoshop CC 2015能做简单的模型,材质不如三维软件,可以进行3D打印,相对复杂的模型只能在三维软件中制作。我们从菜单栏可以看出:Photoshop CC的3D编辑功能有增强。点击移动工具,可以调出3D工具属性栏如图2-243所示。3D菜单命令必须勾选图形处理器才能正常使用,点击编辑---首选项---性能,勾选使用图形处理器。

图2-242　3D菜单　　　　图2-243　3D工具属性栏　　　图2-244　从文件新建3D图层

如图 2-243 所示，从左往右依次是：旋转 3D 对象、滚动 3D 对象、拖动 3D 对象、滑动 3D 对象、缩放 3D 对象，依次点击这几个命令可以对图像简单移动。

1. 从文件新建 3D 图层

选择一个文件的图层，点击该命令，打开文件（图 2-244，格式必须是可以识别的 3D 格式），切换到 3D 视图或者选择一个图层，选择从所选的图层新建 3D 模型，然后调节属性。

2. 从所选图层新建 3D 模型

把图层图像变成三维效果图像，相当于三维软件的挤压命令。输入文字，点击该命令，效果如图 2-246 所示，然后再调整属性面板（预设形状）选项。

软件实践：文字工具、从所选图层新建 3D 模型，如图 2-245 ~ 2-248 所示。

图 2-245

图 2-246

图 2-247

图 2-248

这是一个简单的字体三维效果，这个时候为了增加文字的视觉效果，可以使用图像菜单和滤镜菜单下的命令进行色彩调节。

3. 从图层新建网格

点击该命令，可以出现 3D 面板命令，属性面板如图 2-249 所示，下拉菜单如图 2-250 所示。

图 2-249

网格预设：创建新的 3D 模型。其中深度映射到：可以将平面图像映射成为 3D 模型。明信片：平面图像转换为 3D 明信片两面的贴图材料。模型：可以导入 OBJ 格式的模型文件。从预设创建网格：从预设的几何体形状创建物体基本形状，如图 2-251 所示。

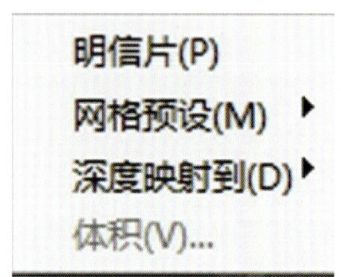

图 2-250　网格预算

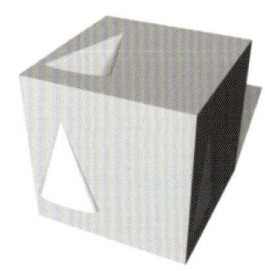

图 2-251　从预设创建网格

4．绘画衰减

在模型绘画时，以衰减角度控制弯曲时颜色使用量，如图 2-252 所示。

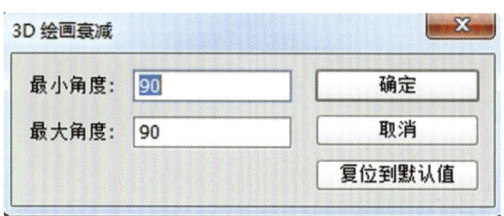

图 2-252　3D 绘画衰减

5．选择可绘画区域

选择模型可以绘图的最佳区域。

6．在目标纹理绘画

选择绘画效果，设置工具属性参数，直接在 3D 模型绘画，实现不同的绘制效果。

软件实践：文字工具、从所选图层新建3D模型、从图层新建拼贴绘画，示例如图 2-253、2-254 所示。

图 2-253

图 2-254

7. 渲　染

点击 3D 面板，设置渲染样式，然后再渲染。渲染很消耗计算机内存，若计算机硬件配置高，渲染就快。渲染结束了，可以进行 3D 打印设置，然后再打印。

8. 导出 3D 图层

图像保存为 PSD 格式，然后点击该命令。

软件实践：设计 3D 字体，效果如图 2-255 所示。

图 2-255

九、视　图

视图菜单对工作区域环境进行编辑和修改，辅助图像编辑。视图菜单和窗口菜单配合不影响图像操作处理，如图 2-256 所示，常用命令有像素长宽比、200%、屏幕模式。

1. 校样设置

选择希望模拟的校样配置图像空间，如图 2-257 所示。

2. 校样颜色

打开或关闭电子校样显示。

3. 色域警告

自动识别图像中的所有溢色（画面的灰色区域），校正画面颜色，若关闭该命令，就看不到图像溢色现象。

4. 像素宽高比

这个命令主要作用是修改图像宽高比。为了快捷实现设计，不同的播放媒介有不同的宽高比例，因此，图像尺寸要适应不同的媒介播放。如果出现画面拉伸效果，用户可以点击像素宽高比校正命令进行调节，如图 2-258 所示。

图 2-256　视图菜单 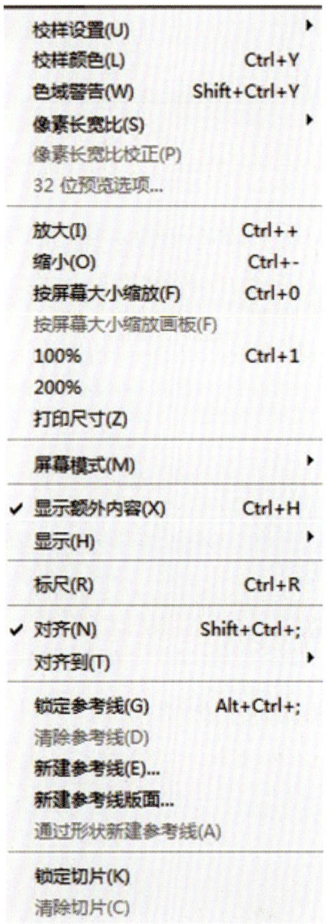　　　　图 2-257　校样设置 　　　　图 2-258　像素宽高比

5. 200%

点击视图---200%，以 200%的比例显示图像。

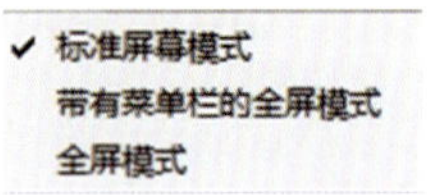

6. 打印尺寸

图像以 1:1 的实际打印尺寸显示。

图 2-259　屏幕模式

7. 屏幕模式

使用不同的工作区屏幕显示模式制作图像,软件默认为标准屏幕模式显示状态,如图 2-259 所示。

8. 显示额外内容

显示或隐藏参考线、网格、目标路径、选区边缘、切片等不打印的额外的部分。

9. 标　尺

帮助确定图像或元素的位置,点击该命令,工作区即可显示标尺。

10. 对齐、对齐到

选择需要对齐的对象,精确对齐参考线、图层、网格、切片等。

11. 锁定参考线、清除参考线、新建参考线

锁定参考线、清除参考线、新建参考线分别用于锁定、清除和添加精确位置的参考线,以便于定位图像。

12. 锁定切片、清除切片

锁定切片、清除切片分别用于锁定和清除图像中的切片区域。

软件实践:参考线、屏幕模式,示例如图 2-260 所示。

图 2-260

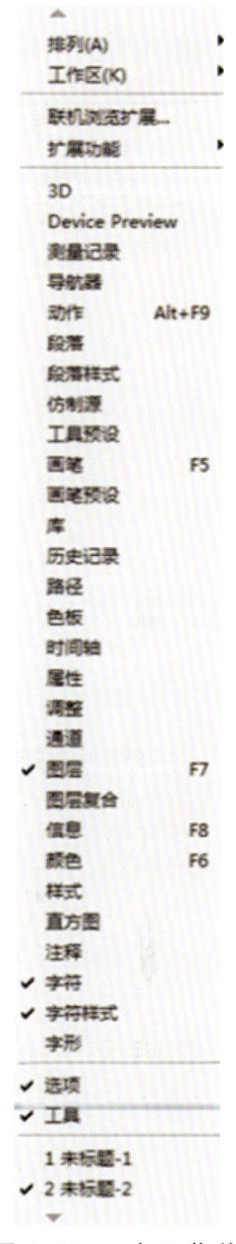

图 2-261　窗口菜单

十、窗　口

窗口菜单将工作区域正在编写的文件和面板以窗口显示或者隐藏,如排列、工作区、库、各种面板等,如图 2-261 所示。当鼠标指针指向控制面板标签的时候,按住鼠标左键控制面板可以拖移,Shift+Tab 键可以隐藏或者显示所有面板。

图像处理面板位于菜单栏和工具栏,在默认情况下,软件自动显示某些面板。通过窗口菜单也显示或者隐藏面板。面板包括颜色、色板、样式、导航器、信息、图层、通道、路径、历史记录、动作、工具预设、字符、段落。

1. 排列

排列用于控制图像在工作区的排列方式。与工作区配合可以增强工作区面板的功能，点击排列的下属方式命令可显示工作区间的排列方式，点击如图2-262所示窗口---排列---全部垂直拼贴，效果如图2-263所示。

软件实践：排列、工作区，示例如图2-262、2-263所示。

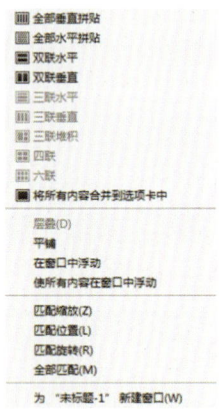
图 2-262　排列

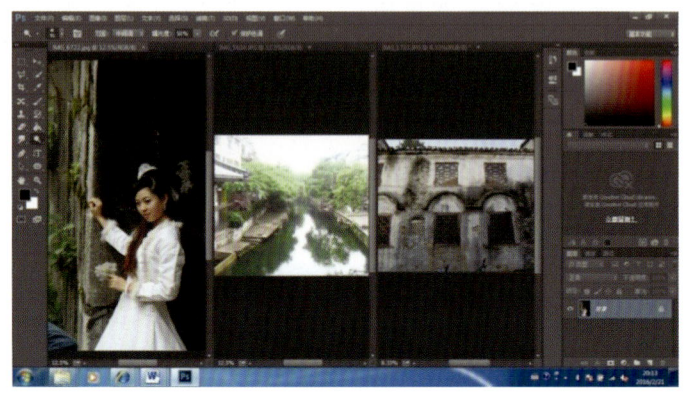
图 2-263

2. 工作区

Photoshop的操作界面，如图2-264所示，也就是打开软件看到的工作页面。用户可通过多个预设的工作区域来调整应用程序，如果工作页面乱了，可以点击删除工作区，然后点击编辑菜单---首选项---工作区（恢复默认工作区）恢复软件默认工作区；键盘快捷键和菜单命令可以隐藏菜单项目。

3. 画笔面板和画笔预设选取器

在画笔面板，用户可以根据需要随意编辑画笔的样式，使得画笔有不同的绘制效果，如图2-265所示，调整面板的参数以设计画笔形状等，点击窗口-画笔预设，调出对话框，单击图像右上角三角也可以调整画笔。

4. 仿制源面板

仿制源面板用来调节图章和修复画笔工具，如图2-266所示。

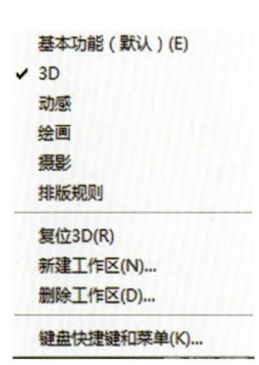
图 2-264　工作区

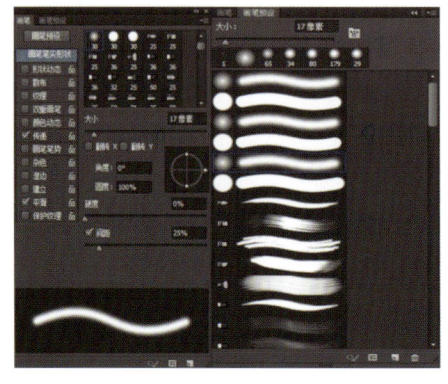
图 2-265　画笔面板

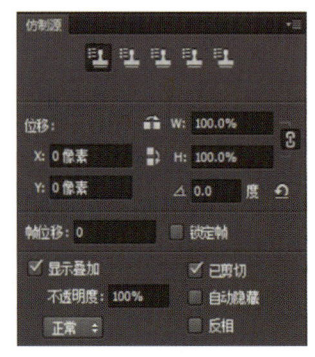
图 2-266　仿制源面板

位移：取样点的确定位置。

缩放：输入 W 宽度和 H 高度的数值缩放仿制源，默认情况下约束比例。如果单独调整尺寸或者恢复约束选项，可以单击保持长宽比。

旋转仿制源：在文本框输入旋转角度可以旋转仿制源。

帧位移：在文本框输入帧数，使用与初始取样帧速相关的特定帧进行绘制。

显示叠加：查看叠加以及下面的图像。不透明度设置叠加图像的不透明度。反相可以反相叠加颜色，可以在设置叠加混合模式下拉列表中选择一种混合模式。

软件实践：利用画笔、仿制图章、涂抹、调色、树滤镜、图层等命令修改图像，示例如图 2-267、图 2-268 所示。

图 2-267

图 2-268

5．动作面板

处理大量图像时使用同样的操作方法，这时使用动作面板就可进行批处理，单击窗口-动作就可以调出动作面板；单击动作面板右上角弹出菜单，如图 2-269、2-270 所示。

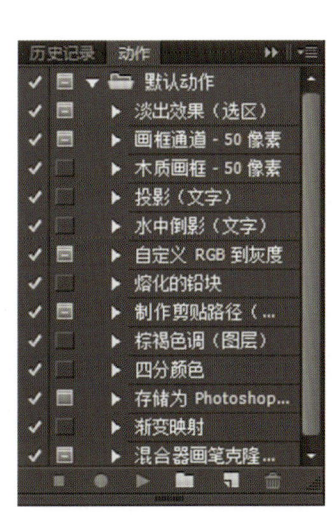

图 2-269　动作面板

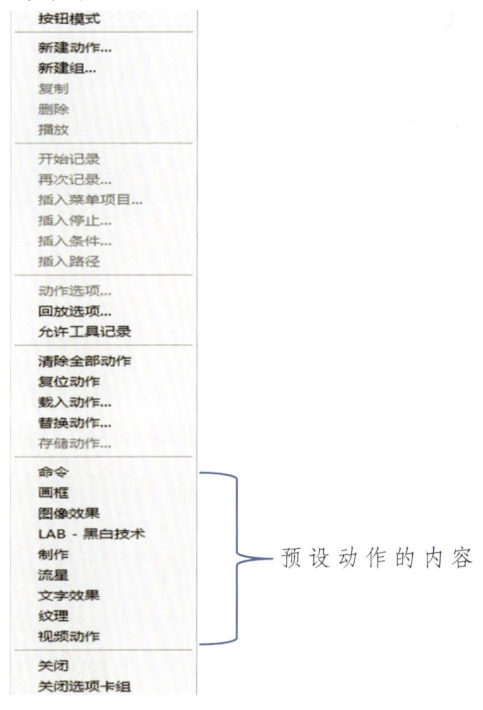

图 2-270　弹出菜单

6. 时间轴

如图 2-271 所示，时间轴工具面板与影视后期软件的面板很相似，它可以制作简单的动画或者后期效果。

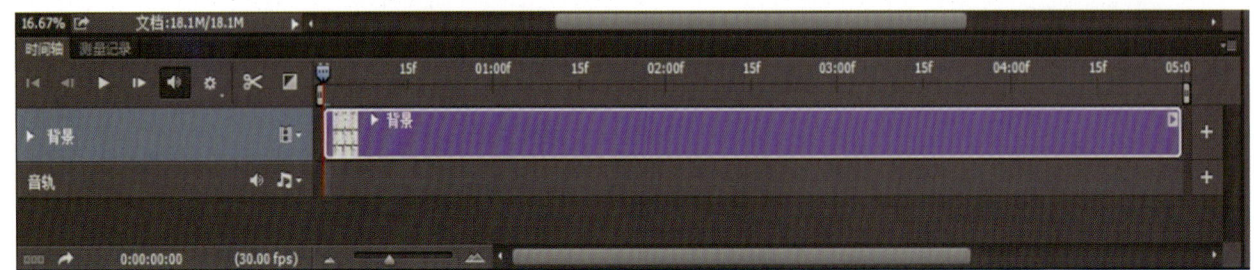

图 2-271　时间轴

7. 信息面板

显示当前操作有关的各种信息，如颜色、坐标、文档大小、工作提示等，如图 2-272 所示。

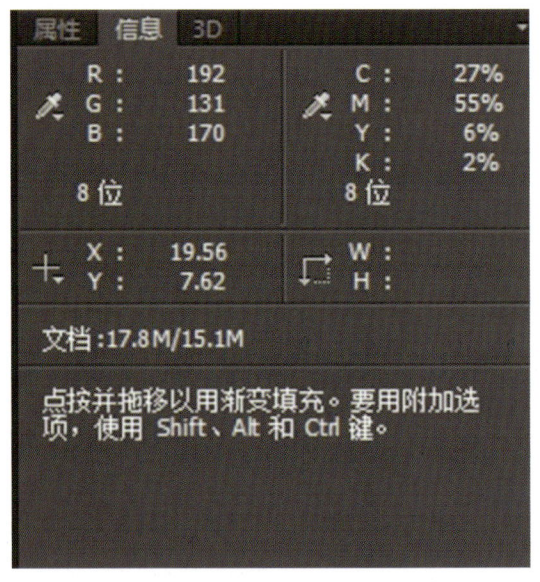

图 2-272　信息面板

8. 直方图

直方图在图像领域应用广泛，用于显示当前图像颜色属性，左侧代表图像阴影；中间代表中间色调；右侧代表高光区域，山脉代表图像的数据，最高处为图像的细节部分。可以直接对图像颜色进行调整，点击窗口---直方图命令打开。扩展视图和全部通道视图直接显示数据，表示图像曝光情况。

不适用高速缓存的刷新：点击该命令，可以使图像在操作的时候不进行高速缓存刷新，如图 2-273~2-275 所示。

软件实践：直方图，示例如图 2-276 所示。

第二章　Photoshop CC 2015 图像处理方法

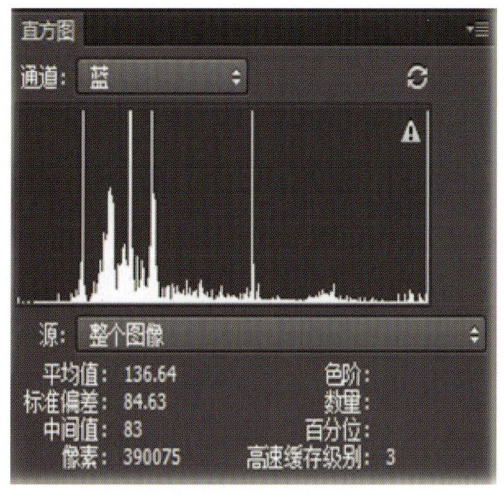

图 2-273　扩展视图

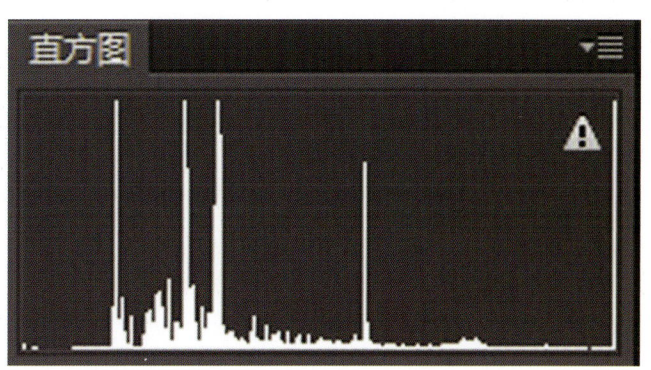

图 2-274　紧凑视图

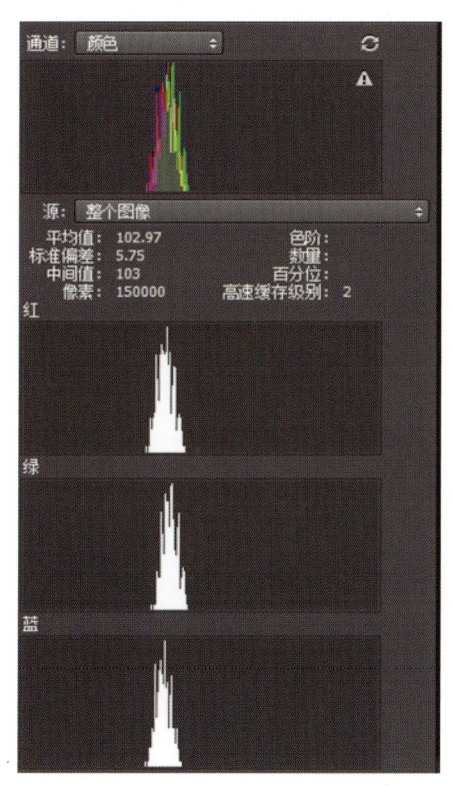

图 2-275　全通道视图

图 2-276　直方图

9. 样式面板

自定义图层样式，对图像进行简单的修饰，选择样式添加到样式面板。样式面板与钢笔工具配合可绘制矢量图形，点击窗口---样式，然后再单击右上角按钮，弹出下拉菜单，如图 2-277 所示。

软件实践：在样式面板中任意选择一种样式，效果如图 2-278、2-279 所示。

95

图 2-277　　　　　　　　图 2-278　　　　　　　　图 2-279

扩展案例：

我们从事设计，总是觉得技术很重要，甚至认为：技术改变一切！图 2-280、图 2-281、图 2-282 告诉我们：创意设计的时候，想法比技术重要，事实上，技术和创意同样重要。

图 2-280　插画（陈瑾）

第二章　Photoshop CC 2015 图像处理方法

图 2-281　人像摄影（林鹏）

图 2-282　《生活哲思三》（高晔利）

　　通过大量的软件实践，熟悉 Photoshop CC 2015 工具栏和菜单栏常用命令，为大家进行创意设计打下基础。任何一款软件的学习需要大量技术练习，在积累、总结经验的基础上，不断提高审美能力。

1. Photoshop CC 2015 工具栏常用命令。
2. Photoshop CC 2015 菜单栏常用命令。

第三章

Photoshop CC 2015 实训案例

本章导读

从设计应用案例出发，实现了软件常用工具命令与创意设计的结合，快速提升学习者实际应用软件的能力。

学习目标

通过学习理解创意设计与制作的重要性，为更进一步使用软件进行应用开发打下基础。

第一节　插　画

一、欢庆元宵

（1）启动 Photoshop CC 2015 程序后，按 Ctrl+N 组合键，弹出"新建"对话框，设置相关参数，如图 3-1 所示。

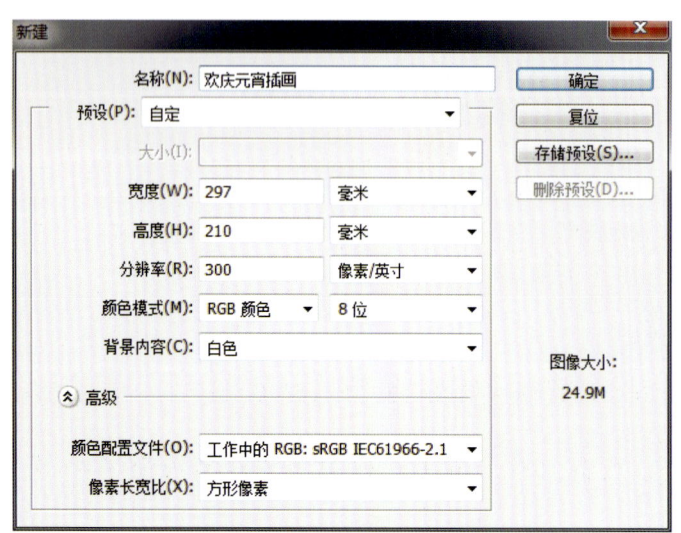

图 3-1　"新建"对话框

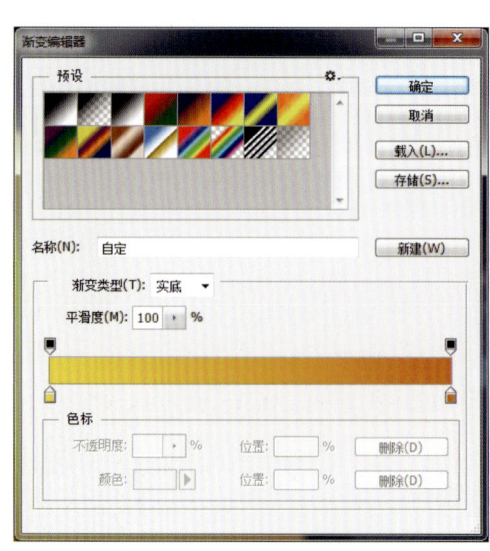

图 3-2　渐变编辑器

（2）单击"确定"按钮，新建一个文档。快捷键：G，使用"渐变"工具。单击工具选项栏中的 渐变编辑器，打开"渐变编辑器"对话框，设置黄色（R:255 G:225 B:0）到红色（R:220 G:110 B:15）的渐变，如图 3-2 所示。

（3）单击"确定"按钮，关闭"渐变编辑器"对话框。按下工具选项栏中的"径向渐变"按钮 ，从页面中心往四周拖动光标，填充径向渐变，如图 3-3 所示。

图 3-3　　　　　　　　　　　　图 3-4

（4）找到"汤圆"素材，拖动"汤圆"图片到正在编辑的文档页面中，调整图片的大小和位置，如图 3-4 所示。

（5）快捷键：F7，调出"图层"面板，选择"汤圆"图层 ，用鼠标右击，选择"栅格化图层"，以栅格化"汤圆"图层。

（6）快捷键：W，按 Shift+W，选择"魔棒工具" ，勾选页面上方的选项栏中的"连续"选项 。点击"汤圆"中的白色部分，选择白色部分，按键盘中的"Delete"删除键将白色部分删除。按 Ctrl+D 组合键，取消选择。

（7）找到"元宵节"素材，拖动"元宵节"PSD 文件到正在编辑的文档页面中，调整素材的大小和位置，如图 3-5 所示。

图 3-5

（8）按 Ctrl+Shift+Alt+N 组合键，新建图层。设置前景色为（R:250 G:130 B:140），快捷键：B，选择"画笔工具" 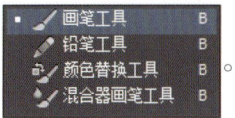。点击面板上方工具栏中的"画笔预设选取器"

，选取"柔边圆"画笔，大小为 250 像素 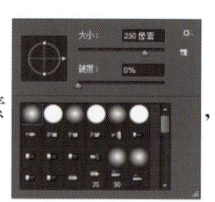，绘制脸上红晕。

（9）设置前景色为（R:35 G:5 B:10），快捷键：B，选择"画笔工具" 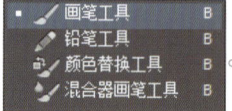点击面板上方工具栏中的"画笔预设选取器" ，选取"硬边圆"画笔，大小为 30 像素 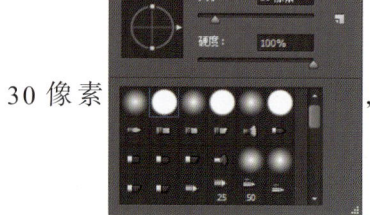，绘制脸上表情。

（10）设置前景色为（R:250 G:160 B:175），快捷键：G，选择"油漆桶工具" 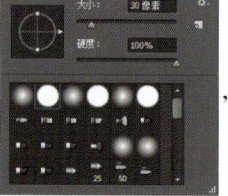，填充嘴部颜色。以同样的方法，绘制第二个汤圆表情，在绘制眼睛部分的时候，将画笔大小调小至 10 像素绘制，如图 3-6 所示。

图 3-6

（11）快捷键：U，选择"椭圆工具" 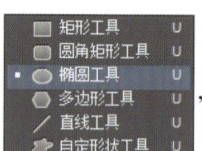，按住 Shift 键，绘制正圆形。按住 Alt 键移动光标，复制一个圆。按 Ctrl+Shift+Alt+N 组合键，新建图层。

（12）设置前景色为（R:35 G:5 B:10），快捷键：B，选择"画笔工具" 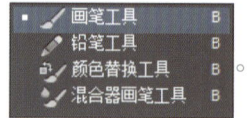点击面板上方工具栏中的"画笔预设选取器" ，选取"硬边圆"画笔，大小为 30 像素，绘制脸上表情。

（13）设置前景色为（R:250 G:160 B:175），快捷键：G，选择"油漆桶工具"

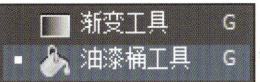，填充嘴部颜色，如图 3-7 所示。

图 3-7

（14）选择椭圆，按住 Alt 键，拖动光标，复制一个圆形。按 Ctrl+Shift+Alt+N 组合键，新建图层。设置前景色为（R:35 G:5 B:10），快捷键：B，选择"画笔工具"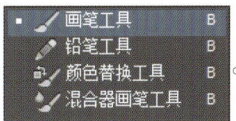。点击面板上方工具栏中的"画笔预设选取器"，选取"硬边圆"画笔，大小为 30 像素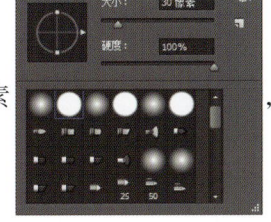，绘制脸上表情，如图 3-7 所示。

（15）按 Ctrl+Shift+Alt+N 组合键，新建图层。快捷键：U，选择"椭圆工具"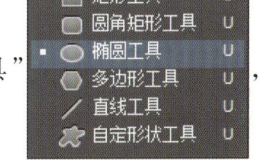，填充选无颜色，描边颜色为（R:35 G:5 B:10），粗细为 8 点，绘制椭圆。选择底部端点，使用转换点工具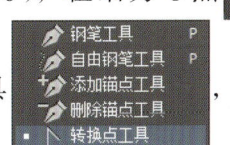，按 Shift 键往两端拖拉。快捷键：A，弹出，使用直接选择工具框选上方端点将其删除，然后分别调整左右两端点的位置。点击描边选项按钮，选择端点为圆头，按 Ctrl+T 组合键，对其进行旋转，如图 3-8 所示。

图 3-8

（16）选择图层 4，按住 Alt 键拖动光标，复制脸部红晕。按 Ctrl+T 组合键，对其进行旋转，使其符合脸部朝向。选择图层 2，按住 Alt 键拖动光标，复制脸部表情。按 Ctrl+Alt+】组合键，使其位于所有图层上方。快捷键：L，使用套索工具 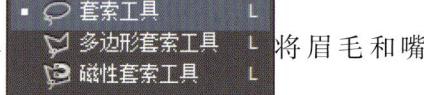，将眉毛和嘴巴部分删除。选择眼睛后，快捷键：V，使用移动工具移动眼睛的位置。

（17）按 Ctrl+Shift+Alt+N 组合键，新建图层。设置前景色为（R:35 G:5 B:10），快捷键：B，选择"画笔工具" 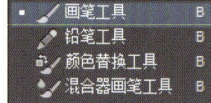。点击面板上方工具栏中的"画笔预设选取器" ，选取"硬边圆"画笔，大小为 30 像素 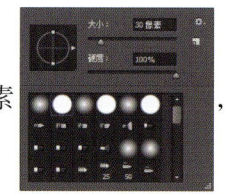，绘制脸上表情，如图 3-9 所示。

图 3-9

（18）快捷键：U，选择"椭圆工具" ，填充颜色为白色，描边颜色为（R:35 G:5 B:10），粗细为 8 点，，按住 Shift 键，绘制正圆形。

（19）按 Ctrl+Shift+Alt+N 组合键，新建图层。快捷键：U，选择"椭圆工具"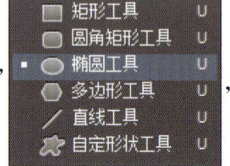，填充颜色为（R:35 G:5 B:10），描边选无颜色，按住 Shift 键绘制正圆形作为眼珠。

（20）按住 Shift 键选择两个圆形图层，快捷键：V，按住 Alt 键拖动光标，复制眼睛。按 Ctrl+Shift+Alt+N 组合键，新建图层。设置前景色为（R:35 G:5 B:10），快捷键：B，选择"画笔工具" 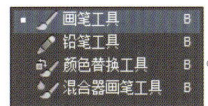，点击面板上方工具栏中的"画笔预设选取器" 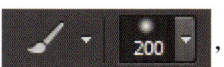，选取"硬边圆"画笔，大小为 30 像素 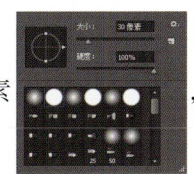，绘制嘴巴，如图 3-10 所示。

图 3-10

（21）选择最左边表情的两只眼睛，按 Ctrl+G 组合键将它们编组，快捷键：V，按住 Alt 键，复制移动至上方。按 Ctrl+T 组合键，用鼠标右击，选择水平翻转，旋转调整至合适角度。

（22）快捷键：B，选择"画笔工具"，点击面板上方工具栏中的"画笔预设选取器" 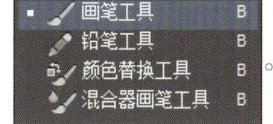，选取"硬边圆"画笔，大小为 30 像素，先绘制左边嘴唇。快捷键：V，按住 Alt 键拖动光标进行复制。按 Ctrl+T 组合键，鼠标右击选择水平翻转，调整位置。按住 Shift 键，将两层图层选择。按 Ctrl+E 组合键将两个图层合并。按 Ctrl+T 组合键将其旋转至合适角度。

（23）选择图层 4 脸部红晕，按住 Alt 键拖动光标进行复制。按 Ctrl+T 组合键将其旋转至合适角度，最终效果如图 3-11 所示。

图 3-11

二、上午的农场

插画最终效果如图 3-12 所示。

图 3-12　插画最终效果之一

1. 填充背景

将前景色和背景色分别调整为（R：67　G：185　B：240）（R：184　G：233　B：255），使用渐变工具 ▇，按住 Shift 键（按住 Shift 键拖拽可以限制渐变填充的方向在水平或者垂直方向上面），填充画布，效果如图 3-13 所示。

图 3-13　渐变填充背景

2. 绘画背景的云

（1）新建图层，命名为"云 1"，使用钢笔工具勾勒出云的外轮廓路径，按住 Ctrl+Enter 将路径转换为选区，并使用渐变填充工具或者填充命令填充颜色，效果如图 3-14、3-15 所示。

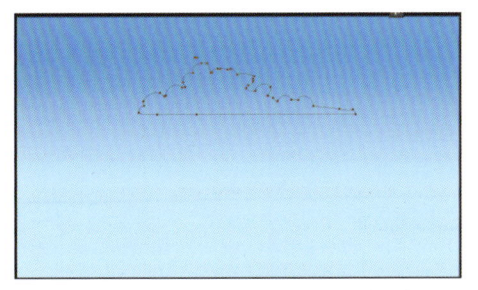
图 3-14　钢笔绘制云朵轮廓

图 3-15　填充云朵颜色

（2）为背景云添加细节。

① 选中图层"云 1"，然后 Ctrl+Alt 组合键拷贝图层并将拷贝的图层移动到图层"云 1"的下面，将图层"云 1"拷贝填充为白色，使用移动工具把"云 1 拷贝"图层往左上方向微微移动，效果如图 3-16 所示。

图 3-16　添加细节

② 新建图层"云细节"，使用钢笔工具勾勒出云里面的体积感，并填充白色，效果如图 3-17、3-18 所示。

图 3-17

图 3-18　绘画云的体积感

（3）使用相同方法绘制好其他云朵，效果如图 3-19 所示。

图 3-19　同样方法绘画其他云朵

（4）新建图层，使用套索工具 绘画体积较小较长的云，效果如图 3-20 所示。

图 3-20　添加其他云朵

3．绘制太阳

选择渐变工具，在渐变属性栏上面调整渐变方式为径向渐变，如图 3-21 所示，调整渐变颜色为黄色到红色的渐变，添加渐变透明度如图 3-22 所示，整体效果如图 3-23 所示。

图 3-21　改变渐变方式

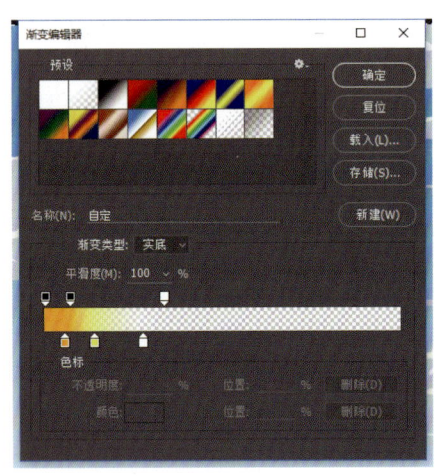

图 3-22　改变渐变颜色以及透明度

图 3-23　太阳效果

4．绘画草地

（1）使用钢笔工具描绘出草地 1 的轮廓路径，将前景色和背景色分别调整为（R：109G：151B：65）（R：138G：231B：76），使用渐变工具从垂直渐变，效果如图 3-24 所示。

图 3-24　绘制草坪 1

图 3-25　绘制草坪 2

（2）使用同样的方法制作草地 2，效果如图 3-25 所示。

5．绘制草丛

（1）绘制单棵小草 1。新建图层，使用钢笔工具勾勒出单棵小草的轮廓路径，将路径转换为选区并填充颜色为（R：93G：132B：53），效果如图3-26所示。

图 3-26　绘画单棵小草

（2）使用同样方法新建多个图层以绘制多棵不同外形的小草，效果如图3-27、3-28所示。

图 3-27　图层　　　　　　　图 3-28　绘制多棵小草

（3）复制多个组，并使用Ctrl+T组合键调整每一个图层的形状，尽量使每一个都不一样，如图3-39所示。

图 3-29　复制多棵小草

6．绘画远处小房子

（1）新建图层"小房子"，使用钢笔工具描绘出房子的墙面轮廓，效果如图3-30所示。

图 3-30　绘画墙面

（2）新建"屋顶"图层，使用钢笔工具绘画屋顶，效果如图 3-31 所示。将房子的相关图层组合成一个图层组并重命名为"房子"，将房子图层移动到草图层的下面，效果如图 3-32 所示。

图 3-31　绘画屋顶　　　　　　　　　图 3-32　改变图层顺序

7．为场景添加蝴蝶

1．新建图层并命名为蝴蝶身体，使用钢笔工具勾勒出蝴蝶身体的外轮廓效果，如图 3-33 所示，使用 Ctrl+回车键转换路径为选区，填充颜色为土黄色。再新建一个图层，命名为眼睛，填充颜色为白色。效果如图 3-34 所示。

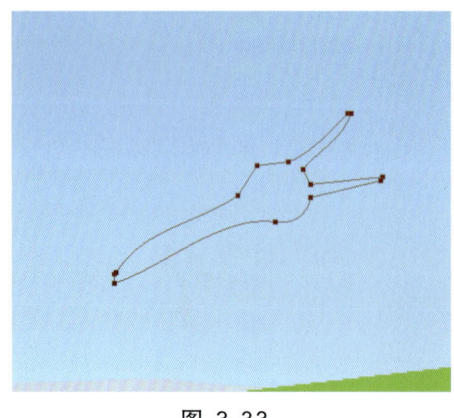
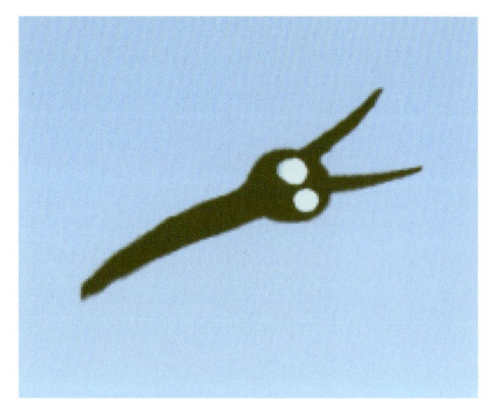

图 3-33　　　　　　　　　　　　图 3-34

（2）新建图层命名为蝴蝶翅膀 1，并使用钢笔工具绘画出翅膀的外轮廓，效果如图 3-45 所示，按 Ctrl+Enter 键转换为路径，随意填充花纹的颜色，新建图层并命名为蝴蝶翅膀纹理，填充颜色为比较亮的颜色。效果如图 3-36 所示。

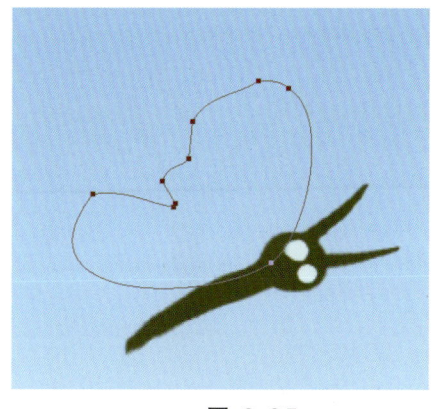

图 3-35　　　　　　　　　　图 3-36

（3）复制蝴蝶翅膀 1 图层并命名为蝴蝶翅膀 2，调整图层顺序如图 3-37 所示，然后使用自由变换工具微调形状，使用色相饱和度工具将颜色调暗，效果如图 3-38 所示。

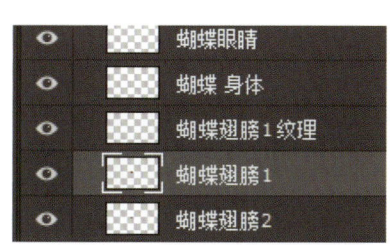

图 3-37　调整图层顺序　　　　　　图 3-38

（4）将相关图层打组，并命名为蝴蝶 1。复制蝴蝶 1 组，微调一下形状，然后调整图层为不同的颜色，如图 3-39 所示。

图 3-39

8. 添加树等植物

（1）使用钢笔工具绘画出树的树干部分，效果如图 3-40 所示，并填充颜色为深褐色。效果如图 3-41 所示。

图 3-40   图 3-41

（2）制作树叶部分。因为这张图片的风格不是写实的所以树叶只需要绘画出外轮廓就好，细节过多反而不好看，详细操作：新建图层，使用钢笔工具，绘画出大轮廓，如图 3-42 所示，并填填充颜色为绿色，然后将树叶图层移动到树干图层的下面，效果如图 3-43 所示。

图 3-42　绘制大轮廓   图 3-43

（3）新建图层树叶高光，使用钢笔工具绘画出轮廓之后填充黄绿颜色，效果如图 3-44 所示。用同样方法绘画植物的暗部。效果如图 3-45 所示。

图 3-44   图 3-45

9. 调整图层顺序

让树的组隐藏在草地后面的效果，如图 3-46 所示。

图 3-46

10. 最终画面

复制并调整树的形状形成最终画面，如图 3-47 所示。

图 3-47　最终效果

扩展案例：

图 3-48　手绘插画（陈瑾）

第二节　橙子果茶广告设计

橙子果茶广告设计步骤如下：

（1）启动 Photoshop CC 2015 程序后，按 Ctrl+N 组合键，弹出"新建"对话框，设置相关参数，如图 3-49 所示。

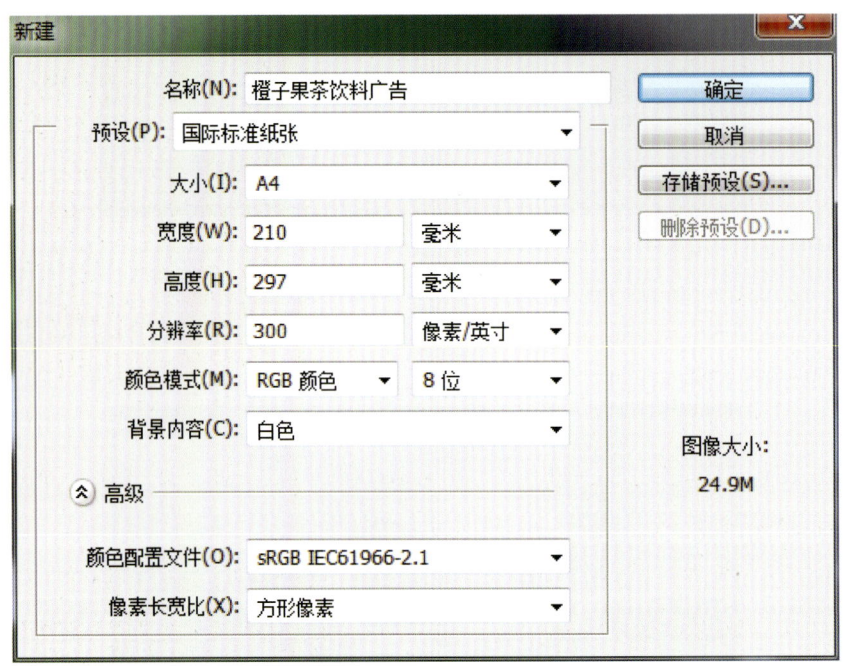

图 3-49　"新建"对话框

（2）单击"确定"按钮，新建一个文档。快捷键：G，使用"渐变"工具。单击工具选项栏中的 渐变编辑器，打开"渐变编辑器"对话框，设置绿色（R:70 G:165 B:25）到深绿色（R:10 G:15 B:10）的渐变，如图 3-50 所示。

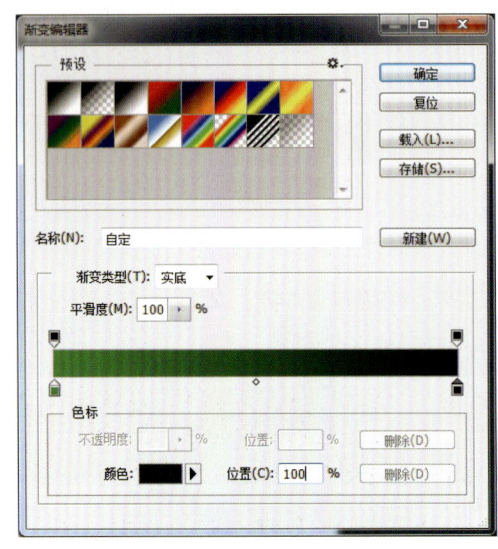

图 3-50　渐变编辑器

图 3-51

（3）单击"确定"按钮，关闭"渐变编辑器"对话框。按下工具选项栏中的"径向渐变"按钮 ，从页面左上方往右下方拖动光标，填充径向渐变，如图 3-51 所示。

（4）按 Ctrl+Shift+Alt+N 组合键，新建图层。快捷键：G，使用"渐变"工具。单击工具选项栏中的 渐变编辑器，打开"渐变编辑器"对话框，设置绿色（R:70 G:165 B:25）的不透明度为 0，如图 3-52 所示。

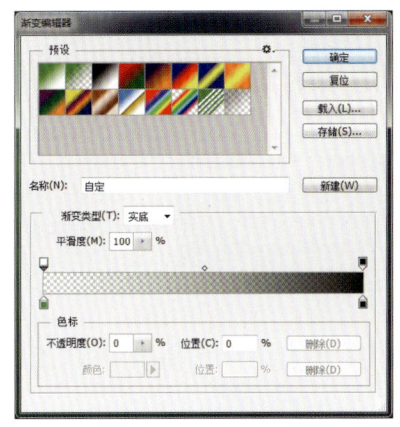

图 3-52　渐变编辑器　　　　　　　　图 3-53

（5）按下"线性渐变"按钮 ，按住 Shift 键，从页面下方往上方拖动光标，填充线性渐变，加强画面的阴影区域，如图 3-53 所示。

（6）找到"橙子"素材，拖动"橙子"图片到正在编辑的文档页面中，如图 3-54 所示。

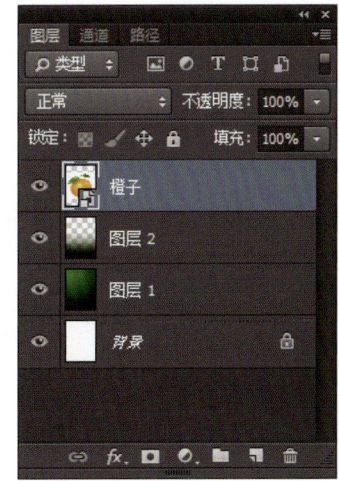

图 3-54　　　　　　　　　　　　　图 3-55

（7）快捷键：F7，调出"图层"面板，选择"橙子"图层，如图 3-55 所示。用鼠标右击，选择"栅格化图层"，栅格化"橙子"图层，如图 3-55 所示。

（8）快捷键：W，按 Shift+W，选择"魔棒工具" ，将页面上方的选项栏中的"连续"选项 去除勾选。点击"橙子"中的白色部分，选择白色部分，按键盘中的"Delete"删除键将白色部分删除。按 Ctrl+D 组合键，取消选择。按 Ctrl+T 组合键，再按住 Alt+Shift 组合键，拖动光标以中心缩放橙子，如图 3-56 所示。

图 3-56

(9) 快捷键：M，选择"矩形选框工具" 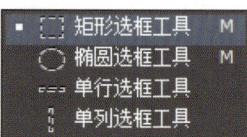，框选剩余的白色线条，按键盘中的"Delete"删除键将其删除。按 Ctrl+D 组合键，取消选择。

(10) 快捷键：V，选择"移动工具"，按住 Shift 键，往上方垂直拖动光标，调整"橙子"在画面中的位置。

(11) 快捷键：M，按 Shift+M，选择"椭圆选框工具" ，在页面中绘制椭圆选区，如图 3-57 所示。

图 3-57　　　　　图 3-58　　　　　图 3-59

(12) 快捷键：L，按 Shift+L，选择"多边形套索工具" 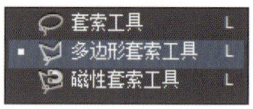，按住 Shift，加选叶子部分选区，如图 3-58 所示。

(13) 按 Ctrl+X 组合键，剪切"橙子"上部分。按 Ctrl+Shift+V 组合键，原位粘贴"橙子"上部分。

(14) 按 Ctrl+T 组合键，选择旋转中心点，移动至"橙子"的上下部分右方结合处，然后调整"橙子"上部分的旋转角度，然后按 Enter 回车键确定，如图 3-59 所示。

(15) 点击图层蒙版按钮 ▢ 添加图层蒙版。快捷键：D，设定前景色。快捷键：B，选择"画笔工具" 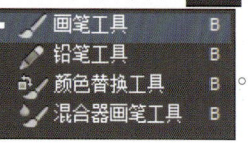，点击面板上方工具栏中的"画笔预设选取器"，

选取"硬边圆"画笔,大小为 35 像素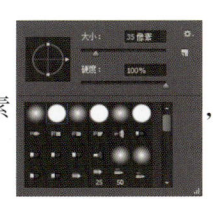,隐藏两端尖角,使其符合透视关系,将图形稍稍往下移动。

(16)找到"橙子切面"素材,拖动"橙子切面"图片到正在编辑的文档页面中。

(17)快捷键:F7,跳出"图层"面板,选择"橙子切面"图层,用鼠标右击,选择"栅格化图层",栅格化"橙子切面"图层,如图 3-60 所示。

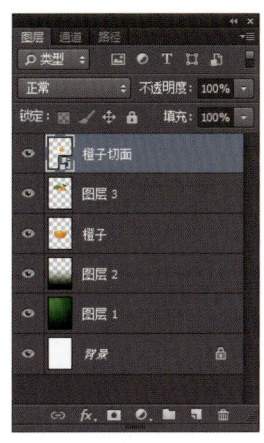

图 3-60　　　　　　　　　　　图 3-61

(18)快捷键:W,选择"快速选择工具"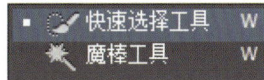。点击"橙子切面"中的白色部分,拖动光标,选择"橙子切面"中的白色部分,按键盘中的"Delete"删除键将白色部分删除。按 Ctrl+D 组合键,取消选择。按 Ctrl+T 组合键,调整"橙子切面"的宽度和高度,以符合"橙子切面"的透视关系,如图 3-61 所示。

(19)用鼠标右击,选择"透视"命令,调整上方的节点,往中心垂直线方向拖动,令其产生透视效果。按 Ctrl+T 组合键,按住 Alt 键,往中心垂直线反方向拖动,使"橙子切面"宽度契合。按 Ctrl+【组合键,将"橙子切面"图层往下移一层,如图 3-62、3-63 所示。

图 3-62　　　　　　　　　　　图 3-63

（20）按住 Ctrl 键，点击"橙子切面"图层，获取选区。按 Ctrl+Shift+N，新建一层。快捷键：D，按 Alt+Backspace 组合键填充前景色黑色，按 Ctrl+D 组合键取消选择。设置图层的混合模式为柔光。

（21）找到"茶壶"素材，拖动"茶壶"图片到正在编辑的文档页面中。

（22）快捷键：W，按 Shift+U，选择"魔棒工具"，点击白色部分，将其删除。按住 Ctrl 键点击茶壶图层获得图形选区。

（23）快捷键：L，选择"套索工具"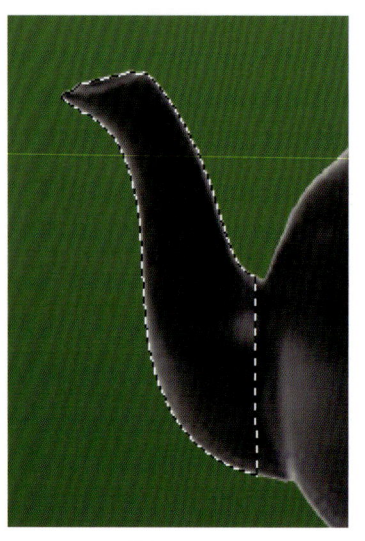，按住 Alt 键，点选壶嘴外多余部分，只选择壶嘴部分，如图 3-64 所示。

图 3-64

（24）按 Ctrl+J 组合键，复制壶嘴部分。去除"茶壶"图层可见性，将图层隐藏。快捷键：V，选择"移动工具"，再选择图层 4（复制后的壶嘴）。按 Ctrl+T 组合键，将壶嘴调整到合适的大小，如图 3-65 所示。

图 3-65

图 3-66

（25）按住 Ctrl 键，点击图层 4（复制后的壶嘴）图层，获得选区。点选"橙子"图层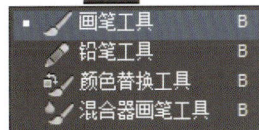，按 Ctrl+J 组合键，复制壶嘴造型橙子部分。按 Ctrl+Shift+】组合键，将复制后的图层移至最顶层，然后调整到合适位置。去除图层 4（复制后的壶嘴）可见性，如图 3-66 所示。

（26）点击图层蒙版按钮 为图层 5 添加图层蒙版。快捷键：D，设定前景色。快捷键：B，选择"画笔工具"。点击面板上方工具栏中的"画笔预设选取器"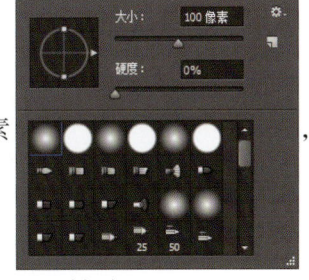，选取"柔边圆"画笔，大小为 100 像素，通过画笔擦拭，使壶嘴图形与橙子部分较为柔和地结合起来，如图 3-67 所示。

图 3-67

（27）快捷键：U，按 Shift+U，选择"椭圆工具"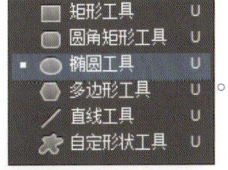。在壶嘴口沿处绘制椭圆，按 Ctrl+T 组合键，调整椭圆至合适大小和方向。

（28）按 Ctrl+J 组合键，复制椭圆图层。按 Ctrl+T 组合键，调整复制后的椭圆至合适大

小和方向

（29）去除椭圆 1 和椭圆 1 拷贝的图层可见性 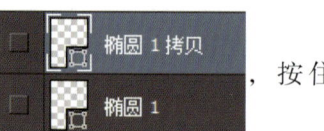，按住 Ctrl 键，点击椭圆 1 拷贝图层，获取选区。按 Shift+F6 组合键，调出羽化选区命令面板，设定羽化半径为 5 像素。

（30）点击图层 5 ，按 Ctrl+J 组合键，复制图层。按 Ctrl+U 组合键，调整明度为 50，如图 3-68 所示。

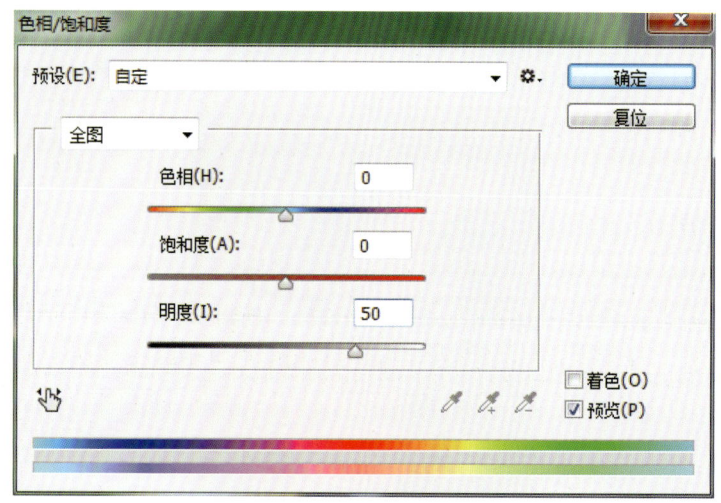

图 3-68　色相/饱和度

（31）按住 Ctrl 键，点击椭圆 1 图层，获取选区。点击图层 5 ，按 Ctrl+J 组合键，复制图层。按 Ctrl+]，将图层上移一层。

（32）快捷键：O。按 Shift+O，选择"加深工具" ，范围选择阴影，曝光度为 30%，加深壶嘴口沿边部分。

（33）按住 Ctrl 键，点击图层 7，获取选区。按 Ctrl+Shift+N，新建一层。快捷键：G，使用"渐变"工具。单击工具选项栏中的 渐变编辑器，打开"渐变编辑器"对话框，设置右端颜色为（R:35 G:35 B:10），将左端黑色的不透明度设为 0，如图 3-69 所示。

图 3-69　渐变编辑器　　　　　　　　图 3-70

（34）拖动光标，由右上方往左下方拖动，效果为。将图层 8 的不透明度设为 50%，如图 3-70 所示。

（35）按 Ctrl+Shift+N，新建一层。快捷键：B，选择"画笔工具"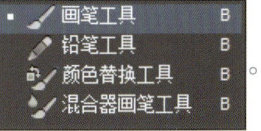。使用快捷键：D；快捷键：X，快速设定前景色为白色。点击面板上方工具栏中的"画笔预设选取器"，选取"柔边圆"画笔，大小为 35 像素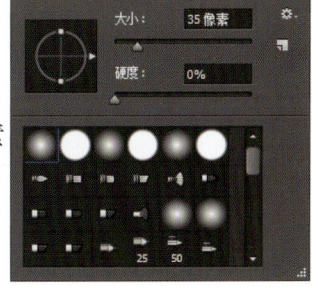。

在壶嘴部分绘制白线。

（36）选择滤镜-模糊-高斯模糊，半径为 9 像素。

（37）将图层不透明度调至 70%，如图 3-71 所示。

图 3-71

(38) 快捷键：E，选择"橡皮擦工具" 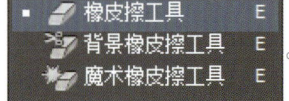。点击面板上方工具栏中的"画笔预设选取器" ，选取"柔边圆"画笔，大小为 250 像素。擦拭白色的两端，使其白色高光部分柔和融进壶嘴 。

(39) 选择壶嘴图层，按 Ctrl+Shift+N 新建一层，设置前景色为（R:35 G:35 B:10），快捷键：B，选择"画笔工具" 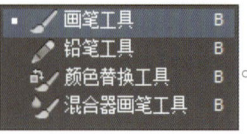。点击面板上方工具栏中的"画笔预设选取器" ，选取"柔边圆"画笔，大小为 150 像素，绘制壶嘴暗部 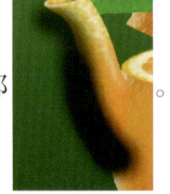。

(40) 按 Ctrl+Alt+G 组合键，创建剪切蒙版。调整图层不透明度为 35%。

(41) 点击图层蒙版按钮 以为壶嘴暗部图层添加图层蒙版。快捷键：D，设定前景色。

快捷键：B，选择"画笔工具" 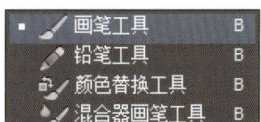。点击面板上方工具栏中的"画笔预设选

取器" ，选取"柔边圆"画笔，大小为 300 像素。通过画笔擦拭，使暗部阴

影较为柔和融进壶嘴 。

（42）按 Ctrl+Shift+N 新建一层，快捷键：P，选择"钢笔工具" 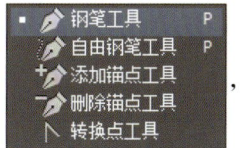，绘制

把手造型路径 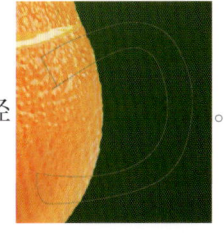。

（43）按 Ctrl+Enter 组合键，将路径转换为选区。选择"橙子"图层，快捷键：L，将选

区移动到橙子上 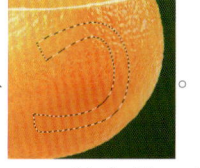。

（44）按 Ctrl+J 组合键，复制图层。按 Ctrl+Shift+】组合键，将图层移至最上方。快捷

键：V，调整把手所处的位置 。

（45）点击图层蒙版按钮 以为图层 5 添加图层蒙版。快捷键：D，设定前景色。快捷

键：B，选择"画笔工具" 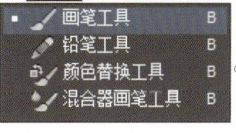。点击面板上方工具栏中的"画笔预设选取器"

，选取"柔边圆"画笔，大小为 100 像素 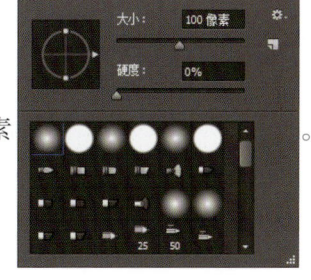。通过画笔擦

拭，使把手图形与橙子部分较为柔和地结合起来 。

（46）选择"橙子"图层，点击新建图层按钮 ，在其上方新建一层图层。设置前景色为（R:250 G:105 B:5），快捷键：B，选择"画笔工具" 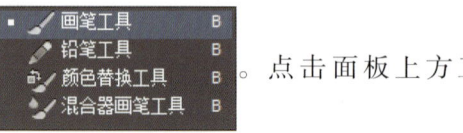。点击面板上方工具栏中的"画笔预设选取器" 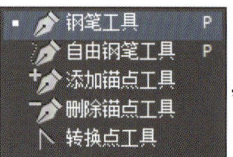，选取"柔边圆"画笔，大小为 100 像素 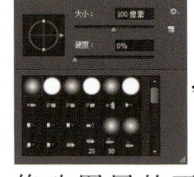，在"橙子"的反光部分涂抹，按 Ctrl+Alt+G 组合键，创建剪切蒙版 ，修改图层的不透明度为 65%。

（47）按 Ctrl+Shift+N 新建一层。设置前景色为（R:35 G:35 B:10），快捷键：B，选择"画笔工具" 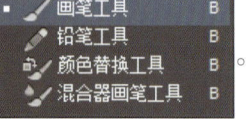。点击面板上方工具栏中的"画笔预设选取器" ，选取"柔边圆"画笔，大小为 30 像素。

（48）快捷键：P，选择"钢笔工具" ，绘制明暗交界线路径，用鼠标右击，选择描边路径，工具选择画笔 。

（49）按 Ctrl+H 组合键，隐藏路径。选择滤镜-模糊-高斯模糊，半径为 15 像素。

（50）快捷键：E，选择"橡皮擦工具" 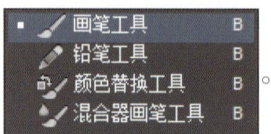。擦拭两端和中间部分，调整明暗交界线的素描关系。

（51）快捷键：B，选择"画笔工具"，点击面板上方工具栏中的"画笔预设选取器"，选取"柔边圆"画笔，大小为 100 像素。

（52）设置前景色为（R:255 G:215 B:90），绘制把手受光部分。按 Ctrl+【组合键，将图层下移一层。按 Ctrl+Alt+G 组合键，创建剪切蒙版，调整图层不透明度为 50%。

（53）选择"橙子"图层，按 Ctrl+Shift+N 新建一层，快捷键：B，选择"画笔工具"

第三章 Photoshop CC 2015 实训案例

。点击面板上方工具栏中的"画笔预设选取器"  ，选取"柔边圆"画笔，大小为 100 像素。在"橙子"底部的地方涂抹黑色，按 Ctrl+Alt+G 组合键，创建剪切蒙版。快捷键：E，选择"橡皮擦工具" 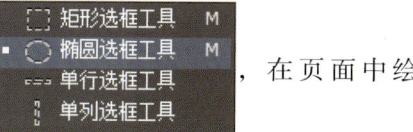 ，擦拭黑色的边缘部分，使黑色柔和融入画面。调整图层的不透明度为 50%。设置图层的混合模式为柔光。

（54）选择"橙子"图层，按住 Ctrl 键，点击新建图层按钮 ，在"橙子"图层下方新建一层图层。

（55）快捷键：M，按 Shift+M，选择"椭圆选框工具"  ，在页面中绘制椭圆选区

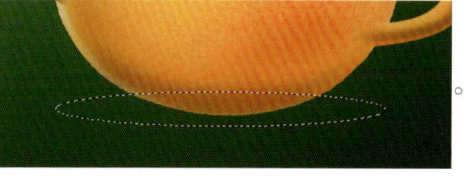

（56）按 Shift+F6 组合键，设定羽化半径为 30 像素

（57）快捷键：D，设定前景色。按 Alt+Backspace 组合键，填充黑色。点击图层蒙版按钮 为图层添加图层蒙版。

（58）快捷键：G，使用"渐变"工具。单击工具选项栏中的 渐变编辑器，打开"渐变编辑器"对话框，设置由灰色（R:166 G:166 B:166）到白色（R:0 G:0 B:0）到灰色（R:166 G:166 B:166）的渐变，白色处于 50%的位置。按住 Shift 键，在椭圆两端点处拉放。调整图层的不透明度为 85%。

（59）选择"橙子"图层，按 Ctrl+J 键复制一层，按 Ctrl+T，用鼠标右击选择垂直翻转。点击图层蒙版按钮 添加图层蒙版。快捷键：G，选择由黑色到白色渐变，按住 Shift 键，垂直拖放光标，隐藏橙子下方部分。

（60）找到"茶袋"素材，拖动"茶袋"图片到正在编辑的文档页面中。按 Ctrl+T 组合键，调整"茶袋"的大小和位置。

（61）选择"茶袋"图层，按 Ctrl+J 键复制一层，按 Ctrl+T 组合键，用鼠标右击选择垂直翻转。设定旋转点为茶袋其中的一个角点，按 Ctrl+T 组合键进行旋转。点击图层蒙版按钮 以添加图层蒙版。快捷键：G，选择由黑色到白色渐变，按住 Shift 键，垂直拖放光标，隐藏橙子下方部分，如图 3-72 所示。

图 3-72

第三节　图像处理

一、人物形象艺术效果

图 3-73 原图

图 3-76 最终效果图

（1）打开如图 3-73 所示素材照片，点击图像-调整-色相/饱和度，添加图层蒙版，选择画笔（柔角，调节其他属性），图层模式为柔光。

（2）复制图层。点击图像---黑白，图层模式：滤色，调节图层不透明度为41。盖印图层，效果如图3-74所示。

（3）点击图像---曲线，分别使用加深、减淡工具，选择画笔样式：柔角，设计皮肤颜色，分别绘制：眼睛、鼻子、嘴，再次复制图层。使用画笔工具多次涂抹头发的边缘。

（4）点击滤镜---风格化---照亮边缘，再点击图像---调整---反相，图层模式为正片叠底，点击图像---色阶（R: 65 G: 1.94 B: 255）。

（5）再次盖印图层，选择仿制图章工具，新建图层，遮掩耳朵部分图像，涂抹头发，用混合器画笔工具进行图像混合、合并图层，效果如图3-75所示。

（6）再次盖印图层，点击滤镜---艺术效果---绘画涂抹，图层模式为正片叠底，效果如图3-76所示。

图 3-74

图 3-75

（7）如果要做出婚纱照的效果，还可以继续修形和磨皮，甚至增加皮肤以及人物所处环境的颜色。

二、下雪了制作方法/步骤

（1）打开素材图片，如图3-77所示，然后复制图层。

图 3-77

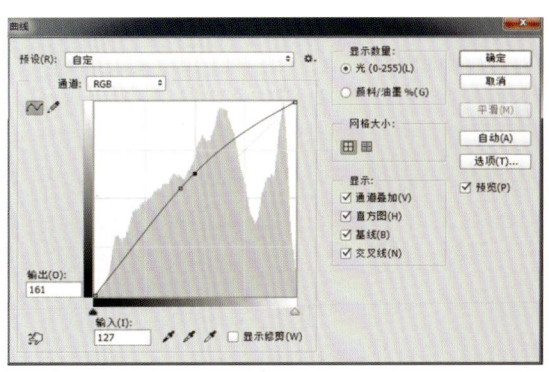
图 3-78　曲线

（2）单击工具箱中的图像--调整—曲线，调节画面亮度，如图 3-78 所示。

（3）单击工具箱中的图像--调整—色相/饱和度或者按快捷键 Ctrl+U，调节画面饱和度为-60，如图 3-79 所示。

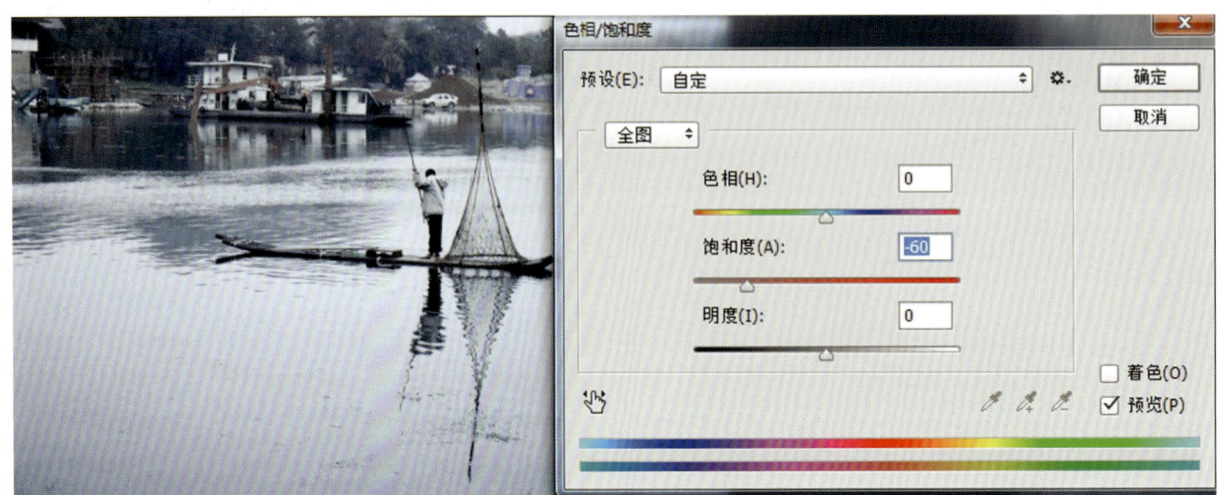

图 3-79

（4）单击图层—新建—图层，新建图层并用填充白色快捷键 Ctrl+Backspace，图层面板如图 3-80 所示。

图 3-80　图层面板

图 3-81

（5）单击滤镜---像素化---点状化对话框，选中单元格大小为 15（注意：该值越大，则雪花越大，应根据图片的大小、景物的大小决定雪花的大小），然后单击"好"按钮，则新建的图层中充满了彩色的小点，效果如图 3-81 所示。

（6）单击图像---调整---阈值，打开"阈值"属性对话框，将"阈值色阶"的大小设置为 250，然后单击"好"按钮。

（7）由于雪花处于下落的趋势，因此会产生一种动感的效果，我们可以利用动感模糊滤镜来实现这一效果。单击图像，再次单击滤镜-模糊-动感模糊，在动感模糊对话框中，设置雪花飘落的角度为 60，距离为 35。再次使用动感模糊。

（8）在图层控制面板中，设置图层 1 的模式为滤色，英文版本滤色模式表述是 Screen，效果如图 3-82 所示。

图 3-82

（9）使用橡皮擦进行调节，橡皮擦硬度调节为 0，最终效果如图 3-83 所示。

图 3-83

扩展案例：

（一）摄影

图 3-84 《水》（延杨红）

图 3-84 设计说明：这张图是艺术考察的时候拍摄，为了降低曝光度，增加了画面以外射光的制作，虚实对比明显，突出了画面中心人物和气氛。

图 3-85 《落日》（延杨红）

图 3-85 设计说明：摄影照片的后期处理经常需要清晰的细节，画面气氛往往要结合场景色彩的感悟。为了表现画面内容厚重感，调节了色温，有意模糊了一些自然形态。

图 3-86 《残垣》(延杨红)

图 3-86 设计说明：画面中的土堆是残垣断壁的土长城一角，选择长城的横断面进行了拍摄，降低整个画面的亮度，增加画面的背景天空与城墙的制作，表现了环境的压抑感。

图 3-87 《花园一角》(刘会军)

图 3-87 设计说明：调节了花朵和草地的亮度，减弱了远处画面颜色，画面效果主次突出。

（二）绘画效果

图 3-88　油画《草地少女》(刘会军)

图 3-88 设计说明：画面模拟油画厚画法效果，笔触感强烈，色彩效果亮丽。由此来看，计算机软件是工具，还可以制作绘画效果。

图 3-89　重彩《草地少女》(刘会军)

图 3-89 设计说明：这幅画的效果主要是模拟现代水彩画，同样的形象和角度，不同的色彩效果，画面感觉与众不同，所以，在技法中创意很重要。

图 3-90　《水墨效果风景》（刘会军）

图 3-90 设计说明：这幅图是在宏村写生时候拍摄的，因为画面黑白灰关系基本明确，依据水墨画面特点，做出相应的效果。

第四节　界面设计

一、音乐播放器界面设计

（1）启动 Photoshop CC 程序后，按 Ctrl+N 组合键，弹出"新建"对话框，设置相关参数，如图 3-91 所示。

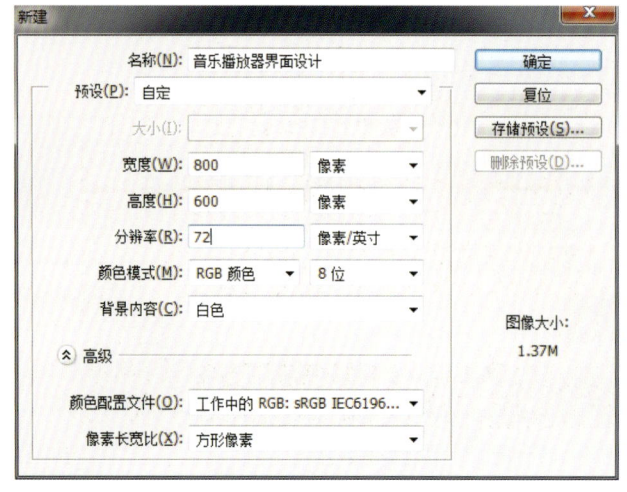

图 3-91 "新建"对话框

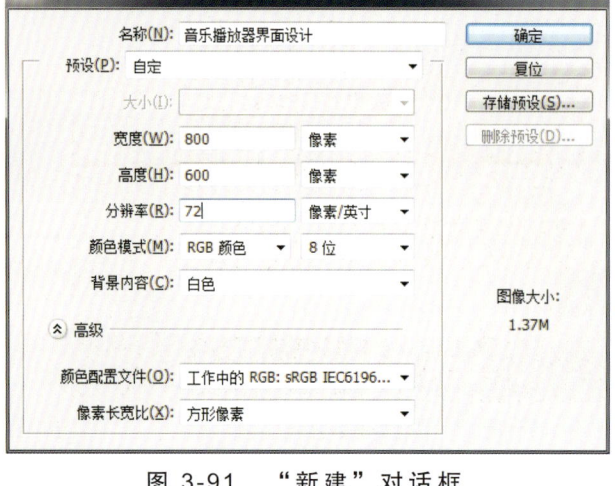

图 3-92 渐变编辑器

（2）单击"确定"按钮，新建一个文档。快捷键：G，使用"渐变"工具。单击工具选项栏中的 ![] 渐变编辑器，打开"渐变编辑器"对话框，设置浅粉色（R:210 G:170 B:170）到粉色（R:190 G:130 B:130）的渐变，如图 3-92 所示。

（3）单击"确定"按钮，关闭"渐变编辑器"对话框。按下工具选项栏中的"线性渐变"按钮 ![]，从页面左上方往右下方拖动光标，填充线性渐变，效果如图 3-93 所示。

图 3-93

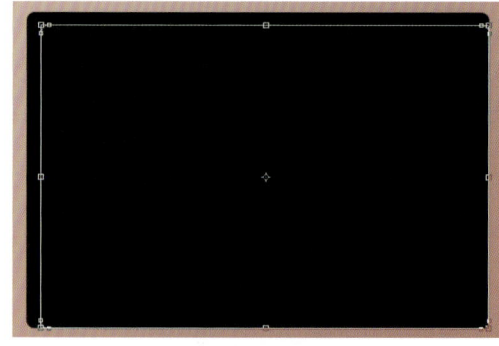

图 3-94

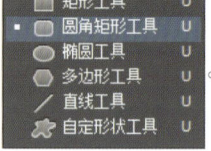

（4）快捷键：U，按 Shift+U，选择"圆角矩形工具" 。填充颜色为黑色，描边选无颜色，半径为 10 像素，绘制一个圆角矩形，创建"圆角矩形 1"。

（5）选择"圆角矩形 1"图层，按 Ctrl+J 组合键复制图层，得到"圆角矩形 1"拷贝图层。

（6）选择"圆角矩形 1"图层，用鼠标右击"栅格化图层"。按 Ctrl+T 组合键，将圆角矩形的高度和宽度往右下角缩小，按 Enter 键确认，效果如图 3-94 所示。

（7）选择滤镜---模糊---高斯模糊，打开"高斯模糊"对话框，设置半径为 15 像素，单击"确定"按钮。将图层不透明度设置为 90%，如图 3-95 所示。

图 3-95　高斯模糊　　　　　　　　　图 3-96

（8）选择"圆角矩形拷贝 1"图层，填充白色。找到"音乐专辑封面"素材，拖动"音乐专辑封面"图片到正在编辑的文档页面中。按 Ctrl+Alt+G 组合键，创建剪切蒙版，将部分图像隐藏起来，效果如图 3-96 所示。

（9）快捷键：U，选择"矩形工具"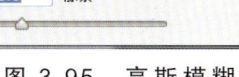。填充颜色为黑色，描边选无颜色，绘制一个矩形，效果如图 3-97 所示。

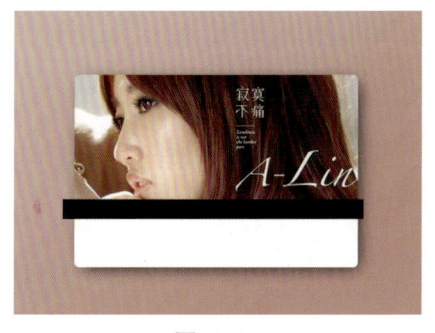

图 3-97　　　　　　　　　　　图 3-98

（10）按 Ctrl+Alt+G 组合键，创建剪切蒙版，将多余部分隐藏起来。将图层不透明度设置为 60%。

（11）快捷键：T，分别输入文字，字体选择楷体。按住 Shift 键，选择两个文字图层，按 Ctrl+G 组合键将两文字图层编组。选择编组后的"组 1"图层，按住 Ctrl 键点选"矩形 1"图层，点击页面上方"垂直居中对齐"按钮 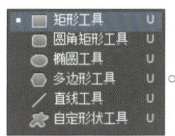，将文字与黑色矩形垂直居中对齐。

（12）选择编组后的"组 1"图层，按住 Ctrl 键点选"背景"，选择两个图层，点击页面上方"水平居中对齐"按钮，将文字调整为页面水平居中位置，效果如图 3-98 所示。

（13）快捷键：U，按 Shift+U，选择"椭圆工具"。填充颜色为白色，描边选无颜色，按住 Shift 键，绘制一个圆形。

（14）选择"椭圆 1"图层，点击图层面板底部的"添加图层样式"按钮，在菜单栏中选择"渐变叠加"样式,将渐变颜色更改为93%的黑色(h:0 S:0 B:93)到98%的黑色,如图3-99所示。

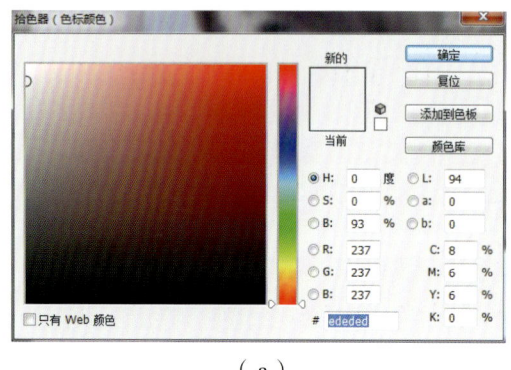
（a）

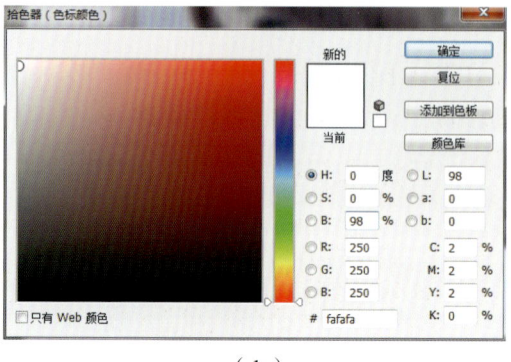
（b）

图 3-99　拾色器

（15）勾选"投影"复选框,将"混合模式"设置为正片叠底、黑色,"不透明度"设置为15%,"距离"设置为0,"扩展"设置为0,"大小"设置为5,如图3-100所示。

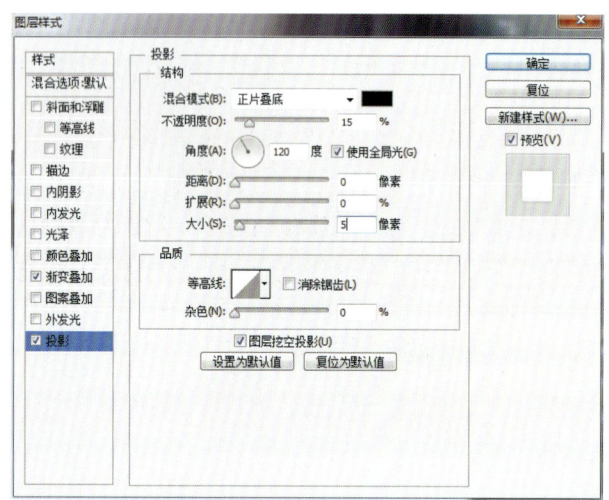

图 3-100　图层样式一

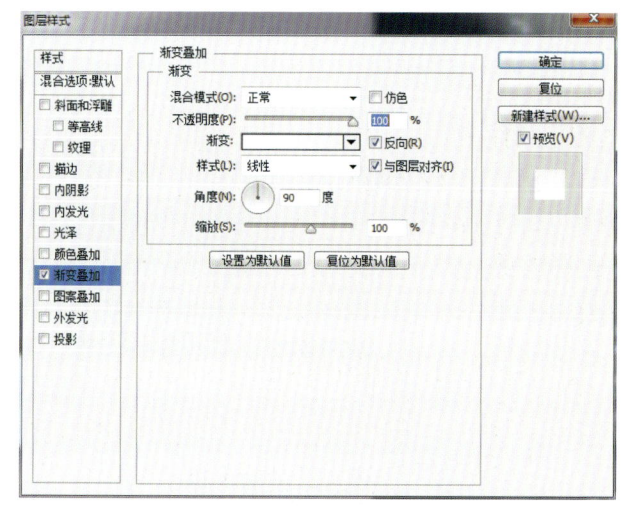

图 3-101　图层样式二

（16）按Ctrl+J组合键,复制一层。按Ctrl+T组合键,按住Alt+Shift组合键将图形以中心等比缩小。拖动"投影"图层样式至垃圾桶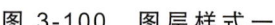,删除"投影"图层样式。双击"渐变叠加"图层样式,勾选"反向"复选框,如图3-101所示,最终效果如图3-102所示。

图 3-102

（17）快捷键：U，选择"矩形工具" 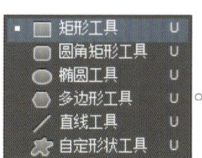。填充颜色为35%的黑色（h:0 S:0 B: 35），描边选无颜色，按住 Shift 键绘制一个正方形，如图 3-103 所示。再按 Ctrl+T 组合键，按住 Shift 键，旋转 45°，按 Enter 确认。

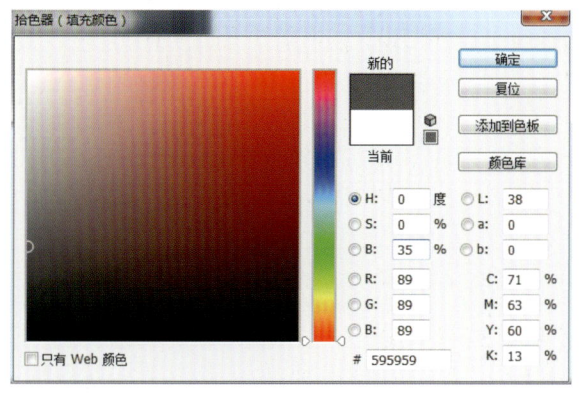

图 3-103 拾色器　　　　　　　图 3-104

（18）快捷键：A，按 Shift+A，选择"直接选择工具" 。选中"矩形 2"图形左侧的锚点，按 Delete 键将其删除。调整三角形至圆形中心，效果如图 3-104 所示。

（19）选择"矩形 2"图层，点击图层面板底部的"添加图层样式"按钮 fx，在菜单栏中选择"内阴影"样式。将"混合模式"设置为正片叠底、黑色。"不透明度"设置为 75%，"距离"设置为 1，"阻塞"设置为 0，"大小"设置为 1，如图 3-105 所示。调整该图层填充为 50%。

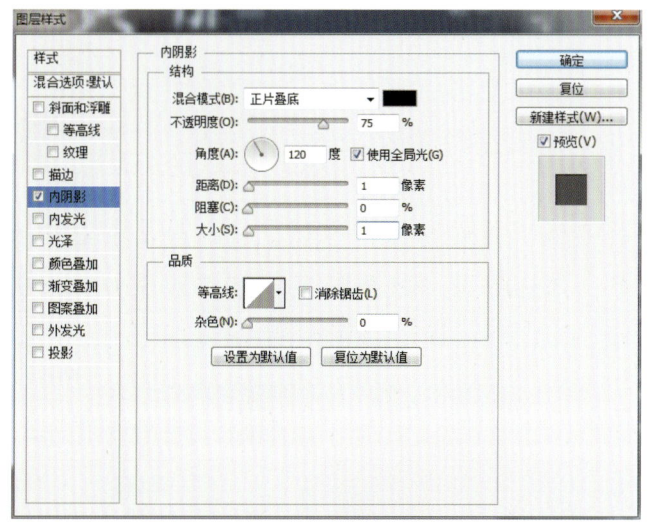

图 3-105 图层样式　　　　　　　图 3-106

（20）按住 Shift 键，选择"椭圆 1""椭圆 1 拷贝""矩形 2"图层，按 Ctrl+G 组合键将图层编组。双击图层名称，改为"播放按钮"。选择编组后的"播放按钮"图层，按住 Ctrl 键点选"背景"，选择两个图层，点击页面上方"水平居中对齐"按钮，将"播放按钮"调整为页面水平居中位置，效果如图 3-106 所示。

（21）快捷键：V，点选"播放按钮"组图层，按住 Alt+Shift 组合键，往右水平拖动光标，复制"播放按钮"组图层。按 Ctrl+T 组合键，按住 Alt+Shift 组合键将按钮以中心等比缩小，按 Enter 键确认。

（22）双击图层名称，改为"前进按钮"。点击文件夹左侧的三角符，展开文件夹，选择"矩形 2"图层。按住 Alt+Shift 组合键，往右水平拖动光标，复制"矩形 2"图层。按住 Shift 键，点选"矩形 2"和"矩形 2 拷贝"图层，调整"前进"符号于圆形中心位置，效果如图 3-107 所示。

图 3-107　　　　　　　　　　　　　　图 3-108

（23）选择"前进"组图层，按 Ctrl+J 组合键复制组图层，双击图层名称，改为"后退按钮"。按住 Shift 键，往左水平移动。按 Ctrl+T 组合键，用鼠标右击，选择"水平翻转"，按 Enter 键确认。

（24）按 Shift 键，点选"前进"和"后退"组图层，按 Ctrl+G 组合键，将两层编组。编组后，按 Ctrl 键点选"背景"图层，选择两个图层，点击页面上方"水平居中对齐"按钮 ，将"前进"和"后退"按钮调整为页面水平居中位置，效果如图 3-108 所示。

（25）找到"图标"素材，用 Photoshop 打开"图标"素材文件，复制组到"音乐播放器界面设计"文档页面中。按住 Shift 键，分别调整两个图标的位置。选择"图标"组图层，按住 Ctrl 键点选"背景"图层，选择两个图层，点击页面上方"水平居中对齐"按钮，将两个"图标"调整为页面水平居中位置。

（26）选择"图标"组图层，按住 Ctrl 键点选"播放按钮"图层，选择两个图层，点击页面上方"垂直居中对齐"按钮，将两个"图标"与"播放按钮"垂直居中对齐，效果如图 3-109 所示。

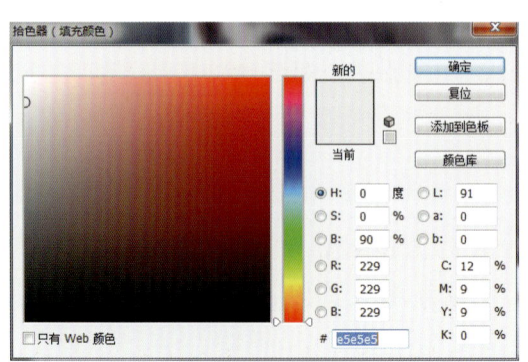

图 3-109　　　　　　　　　　　图 3-110　拾色器

136

（27）选择"圆角矩形 1 拷贝"图层，快捷键：U，选择"矩形工具" 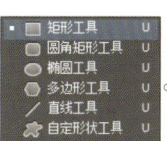。填充颜色为 90%的黑色（h:0 S:0 B：90），如图 3-110 所示，描边选无颜色，绘制一个矩形。由于前面已创建剪切蒙版，绘制矩形后默认创建剪切蒙版，效果如图 3-111 所示。

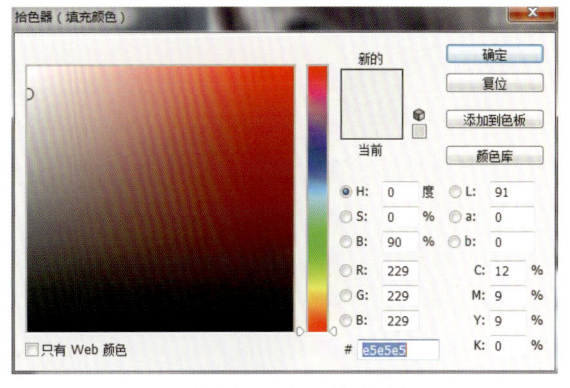

图 3-111　　　　　　　　　　　　　　图 3-112　拾色器

（28）快捷键：U，按 Shift+U，选择"圆角矩形工具" 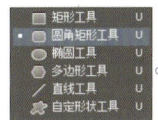。填充颜色为 80%的黑色（h:0 S:0 B：80），如图 3-112 所示，描边选无颜色，半径为 5 像素，绘制一个圆角矩形，创建"圆角矩形 2"。

（29）按住 Ctrl 键点选"背景"图层，选择两个图层，点击页面上方"水平居中对齐"按钮，将两个"圆角矩形 2"调整为页面水平居中位置。选择"圆角矩形 2"图层，按 Ctrl+J 组合键复制图层，填充颜色（R:245 G:135 B:135）。按 Ctrl+T 组合键，调整宽度。按 Ctrl+Alt+G 组合键，创建剪切蒙版，效果如图 3-113 所示。

图 3-113　　　　　　　　　　　　　　图 3-114

（30）快捷键：T，分别输入当前播放时间和音乐总播放时间，调整位置。按 Shift 键选择两个图层，点击页面上方"垂直居中对齐"按钮，将两个时间文字垂直居中对齐。按 Ctrl+G 组合键将两个图层编组。双击编组后的图层名称，改为"时间"。按住 Ctrl 键点选"背景"图层，选择两个图层，点击页面上方"水平居中对齐"按钮，将"时间"组图层调整为页面水平居中位置，效果如图 3-114 所示。

扩展案例：

图 3-115《学习机设计》（刘会军）

图 3-115 设计说明：《学习机设计》采用三维软件（模型、渲染）、Photoshop CC 2015（调色、3D 材质吸管工具、滤镜）等，整体造型弧形，设计了更加人性化的操作设计，图标设计多从实用角度考虑造型。

图 3-116　招贴设计（刘富鑫）

图 3-116 设计说明：采用几何图案分割设计，画面色彩鲜亮，通过图像语言表现内在品质。

图 3-117 《幼儿园毕业典礼》（赵文强）

图 3-117 设计以表现儿童的天性为主，用色绚丽，图像比较活泼，也表现出长辈的期望。

本 章 小 结

本章实训案例围绕 Photoshop CC 2015 展开，实现了软件工具与创意结合，图像创意更加强调技法、想法与创意，希望实训案例有助于拓展设计思路。

思 考 题

1. 本章案例使用的命令有哪些？
2. Photoshop CC 2015 在其他方面的应用有什么？

第四章

Photoshop 考证练习

本章导读

大家学习完一定的 Photoshop 软件的基础知识后，通过相关的考证可以检验和证明自己的能力，同时相关的认证也可以为以后工作提供相应的佐证材料。

学习目标

考生通过了解国内流行的有关于 Photoshop 软件的考证，结合自身的情况找到适合自己的考证方式。

本章重点介绍国家计算机高新技术考试（简称）的考证，详细地讲解考证的组织形式、考试题目和出题规律。通过分析典型的题目，让考生知道该怎样去应对考试题目。考试题库是以 Photoshop CS2 软件为基础，所以同时会简单介绍一下每个版本对于考试的不同要求。

第一节　国内相关考证简介

目前国内 Photoshop 的相关考证主要有两种：一种是 Adobe 官方组织的设计师认证；另一种是由国家劳动和社会保障部全国计算机信息高新技术考试。

一、Adobe 认证科目

1. 简　介

Adobe 认证考试和认证证书是 Adobe 中国教育认证计划（Adobe 创意大学）的核心内容之一。遵循"国际品质、中国制定"的一贯开发理念和原则，在品质控制和规范管理下，Adobe 认证逐渐获得社会的认可并深入人心，已经成为中国数字艺术教育市场主流的行业认证标准。通过 Adobe Photoshop 的认证考试者，即可获得 Adobe 中国产品专家（ACPE）称号。Adobe 认证考试是目前行业内最受认可的设计类计算机技能方面的认证，它无疑是设计技能证书的权威。

Adobe 中国产品专家（ACPE）证书认证科目包括：Photoshop、Illustrator、Acrobat、InDesign、Flash、Dreamweaver、Fireworks、After Effects、Premiere，学员任选其一参加培训考试即可。

Adobe 中国认证设计师（ACCD）证书样本如图 4-1 所示，包括：

① 创意设计师（平面）：Photoshop、Illustrator、Acrobat、InDesign，共考四科（5 个证书）。

② 网络设计师（网页）：Photoshop、Flash、Dreamweaver、Fireworks，共考四科（5 个证书）。

③ 影视后期设计师：Photoshop、Illustrator、After Effects、Premiere，共考四科（5 个证书）。

任选一种设计师考试类型，完成其四门科目考试，可以获得 Adobe 中国认证设计师（ACCD）证书。

2．考试流程

原则上要求在合法的 Adobe 授权机构参加认证考试，在考试合格后获得 Adobe 认证证书。通过 Adobe 某一软件产品的认证考试者，即可获得针对该产品的 Adobe 中国产品专家（ACPE）称号，证书样本如图 4-2 所示。一年之内通过以下 Adobe 软件产品认证考试组合，即可获得相应的 Adobe 中国认证设计师（ACCD）证书和称号。

3．报名和考试网址

http://www.chinaadobe.com/

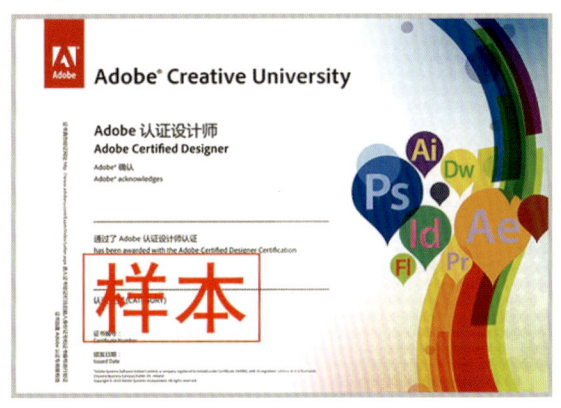
图 4-1　ACCD 认证设计师证书样本

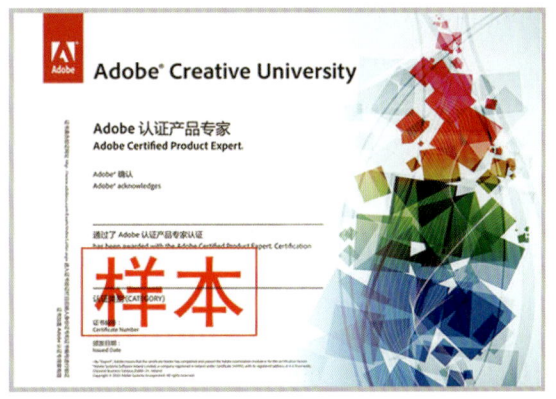
图 4-2　ACPE 产品专家证书样本

二、全国计算机信息高新技术考试

1．考试名称

劳动和社会保障部全国计算机信息高新技术考试（全称）。
国家计算机高新技术考试（简称）。

2．考证简介

全国计算机信息高新技术考试是根据劳动部发〔1996〕19 号《关于开展计算机信息高新技术培训考核工作的通知》文件，由劳动和社会保障部职业技能鉴定中心统一组织的计算机及信息技术领域新职业国家考试。

由劳动和社会保障部职业技能鉴定中心在全国统一组织实施的全国计算机信息高新技术考试是面向广大社会劳动者举办的计算机职业技能考试，考试采用国际通行的专项职业技能鉴定方式，测定应试者的计算机应用操作能力，以适应社会发展和科技进步需要。

3．考试的定义

使用计算机及图形图像输入输出设备和图形图像处理软件处理静态或动态图形图像的工作技能。

4．考试适用对象

从事工艺美术、室内装潢、广告艺术、建筑外观、产品模型、影视图像、图文排版、图文印刷、计算机多媒体技术工作人员以及其他需要掌握图形图像处理软件操作技能的社会劳动者。

5．证书的相应等级

图像制作员：专项技能水平达到相当于中华人民共和国职业资格技能等级四级。能应用图形图像制作软件基本功能完成静态或动态图形图像处理工作。

高级图像制作员：专项技能水平达到相当于中华人民共和国职业资格技能等级三级。能独立、熟练地结合应用图形图像软件基本功能完成静态和动态图形图像处理工作。

图像制作师：专项技能水平达到相当于中华人民共和国职业资格技能等级二级。能独立、熟练地结合应用图形图像软件的功能完成静态和动态图形图像创意和设计工作。

6．考试面向的人群

计算机信息高新技术考试面向各类院校学生和社会劳动者，重点测评考生掌握计算机各类实际应用技能的水平。

7．可以获得的证书名称

全国计算机信息高新技术考试合格证书（全称），样本如图 4-3 所示。

OSTA 计算机认证（简称）。

全国计算机信息高新技术考试合格证书作为反映计算机操作技能水平的基础性职业资格证书，作用是计算机操作能力并实行岗位准入、控制的相应职业作为上岗证；在其他就业和职业评聘领域作为计算机相应操作能力的证明。

 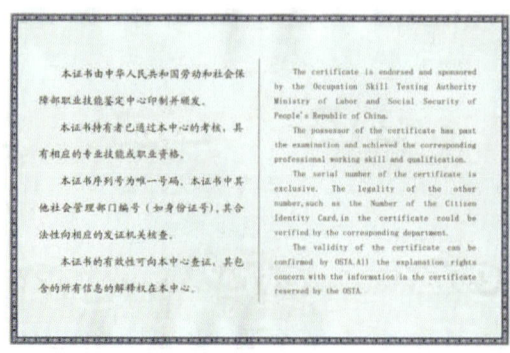

（a）证书正面样张　　　　　　　　　（b）证书背面样张

图 4-3

第二节　考试相关试题理论

1．完整的题库

完整的题库由两部分组成：一是书籍文字部分的《试题汇编》，包括操作要求和样文；二是电子信息部分的考试作业素材，安装在各考试站的考试用计算机中，供考生考试时调用操作。

2．考试题目组成方式

根据计算机应用特点分类，形成大的应用模块。在每个大模块内，又根据相关软件的特点，分成小的系列，再从小系列中取出考核点，形成考核单元进行考试。使用全国统一题库，目前的题库为每个模块八个单元，每个单元含 20 道题。

八个单元分别为选区；绘画；图像；绘图；图层；滤镜；网页；综合应用。

3．考试方式

考试方式全部采取上机实际测试操作技能的方式进行，考试时间为 120 分钟。

4．评卷方式

评卷员手动评卷。

5．考试的提供的软件

最低版本 Photoshop CS2，到考试当年的最高版本。

6．参考书籍

图形图像处理（Photoshop 平台）Photoshop CS2 试题汇编（图像制作员级），如图 4-4（a）所示。

图形图像处理（Photoshop 平台）Photoshop CS2 试题解答（图像制作员级）如图 4-4（b）所示。

（a）题库

（b）题库解答

图 4-4

第三节　考试相关的实践

一、典型题目分析

（一）题　库

1.17，【操作要求】制作如图 4-5 所示立体字效果。

图 4-5

（1）建立选区：建立 120 像素"Arial Black"字体、"P"字符选区。
（2）选区编辑：羽化处理文字选区。
（3）效果装饰：变换填充红色（#de2884）形成立体字。
注：题目摘录自图形图像处理（Photoshop 平台）Photoshop CS2 试题汇编（图像制作员级）。

（二）解答和分析

【注意】考试会给出一张最终的效果图作为制作参考，由于是手动改卷，所以达到题目的要求即可。

1. 新建文件

尽量参考要求的图像的像素大小来新建文件。这里的题目要求"建立 120 像素"Arial Black"字体"，所以新建的文件可以为 300*300 像素或 400*400 像素的正方形像素文件，效果如图 4-6 所示。

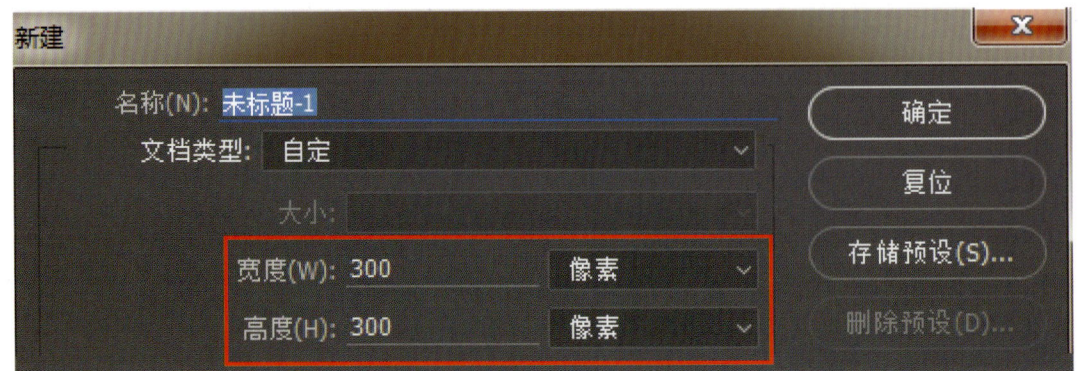

图 4-6

2. 建立选区

建立 120 像素"Arial Black"字体、""P"字符选区，使用文本工具建立文本。

【注意】 在默认情况下，Photoshop 的文字大小的单位为点，题目要求的是像素，就要先到选项中设置 Photoshop 的默认单位。

（默认的文本单位为点）

更改方法：依次打开编辑-首选项-单位和标尺，修改单位下面的文本为像素，如图 4-7 所示。

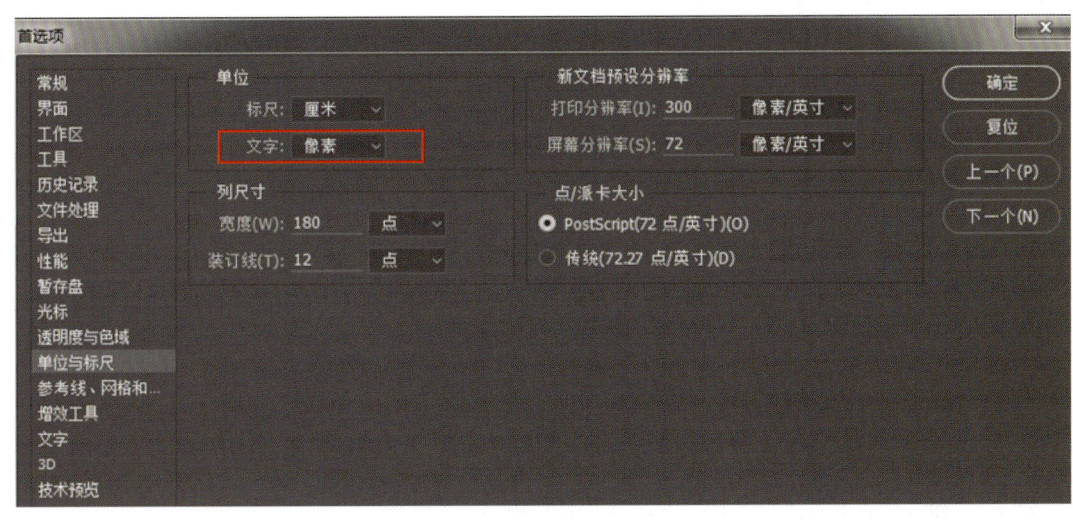

图 4-7

3. 选择字体

选择字体 ，更改完之后文本的单位为像素。根据题目，选择合适的字体，如 。

【注意】在选中文本图层和背景图层的基础上选择移动工具（快捷键 V），使用属性中的图层对齐工具，可以使题目要求的文本和文件居中对齐，效果如图 4-8 所示。

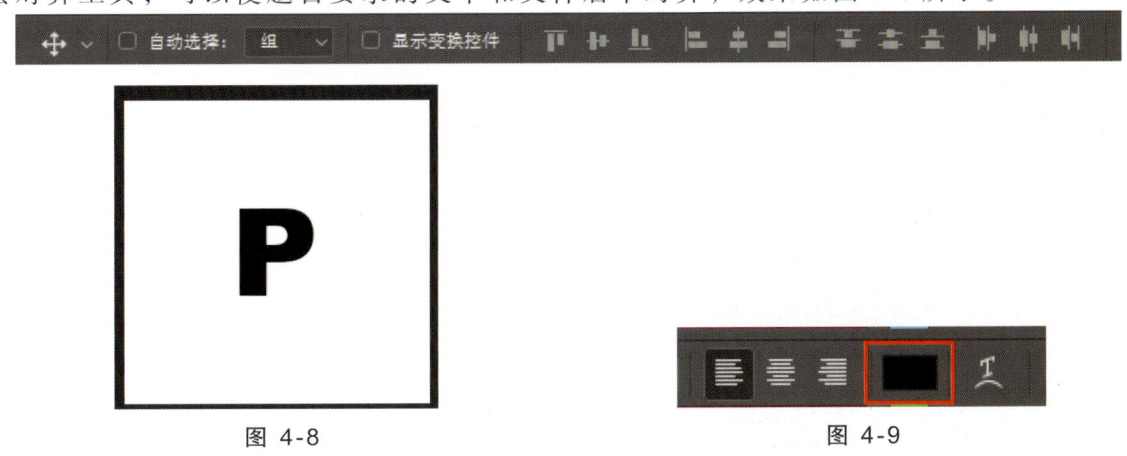

图 4-8　　　　　　　　　　　　　　图 4-9

4. 更改文本颜色

在还是文本图层的情况下使用文本工具，选中要改变颜色的那个文本，其位置如图 4-9 所示，点击色块进入更改颜色即可。

【注意】题目要求"变换填充红色（#de2884）形成立体字"，在考试中在点开 Photoshop 的拾色器的情况下直接输入相关的数字即可，效果如图 4-10 所示。

图 4-10

5．建立"P"字符选区

建立"P"字符选区，如图 4-11 所示。

【注意】如果题目要求建立字符选区的话，在评卷员改卷的时候则会看你保存的选区中有没有保存选区。

制作过程：

（1）按住 Ctrl+左键点击图层面板中的图层缩略图或把文本的范围以选区的方式呈现出来。

（2）在选区存在的情况之下对选区做以下操作：

① 保存选区。

② 选择-存储选区。

③ 注意命名。

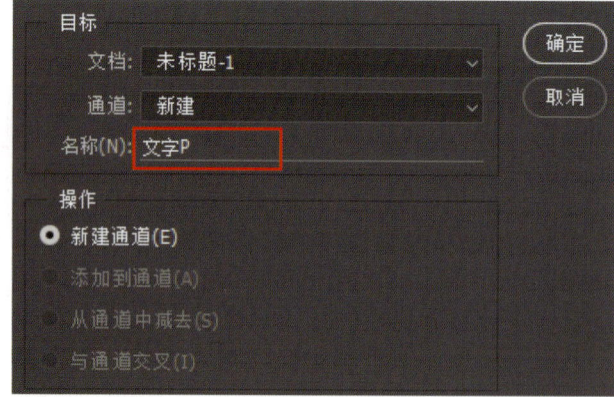

图 4-11

【注意】保存后的选区可以做多次提取。

6．新建两个图层

新建两个图层分别用来制作立体感，分别命名为黑色图层和白色图层。

（1）提取选区，选择刚才存储的选区即可。

（2）依次点击：选择-载入选区，如图 4-12 所示。

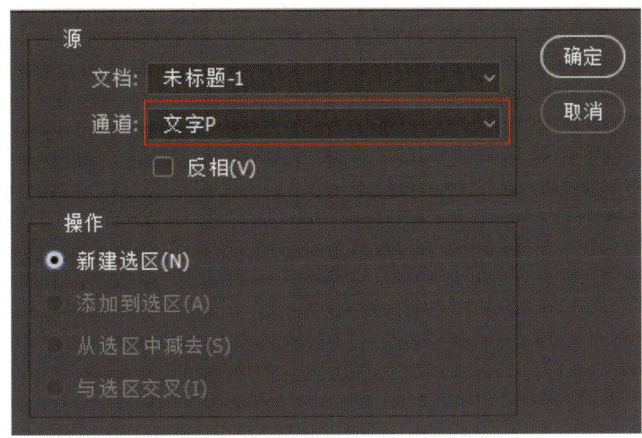

图 4-12

7．载入选区并羽化

在黑色图层上载入选区，并做羽化处理。

依次点击：选择-修改-羽化（快捷键 Shift+F6）。详细操作如图 4-13 所示。

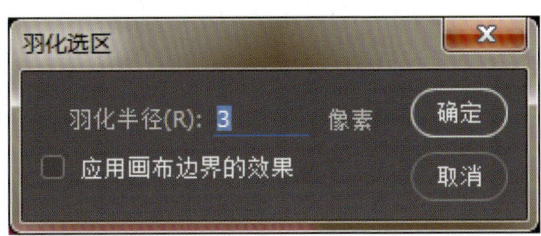

图 4-13

8．羽化后处理

羽化后在白色的图层填充白色，在黑色的图层填充黑色，将文本的顺序排列好，效果如图 4-14 所示。

图 4-14

图 4-15

9．形成立体感

使用移动工具形成立体感：把黑色图层往左边和上边分别移动 1 个像素，白色图层分别往下移动 1 个像素。

【注意】使用键盘上的方向键移动，每点一次，就移动一个像素，效果如图 4-15 所示。

10. 保存并提交

保存为 psd 格式，并提交，依次点击：文件-保存，选择格式为 Photoshop 格式。

二、典型题目分析

其他考试要点注意：关于滤镜。

习题：6.5 第五题，【操作要求】制作彩星效果，如图 4-16 所示。

图 4-16

新建宽高 283*283 像素大小的文件。
（1）基本图形：制作渐变效果，如图所示。
（2）滤镜特效：波浪，极坐标和铭黄金属滤镜处理。
（3）效果装饰：使用"色谱"渐变和"颜色"混合图层着色。
将最终效果（图 4-17）以 x6-5.psd 为文件名保存在考生文件夹中。

图 4-17　渐变效果

注:题目摘录自图形图像处理（Photoshop 平台）Photoshop CS2 试题汇编（图像制作员级）

分析：

这道题是滤镜模块的考题，所以文本中提到的滤镜一般都会用上，按照操作要求一步一步制作即可。但是有些滤镜在新版本的 Photoshop 中的位置会有些变动，如铭黄金属效果滤镜等等。

（1）旧版本的 Photoshop 的滤镜面板，如图 4-18、4-19 所示。

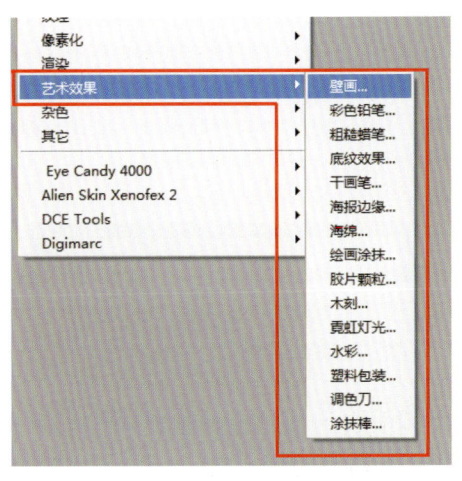
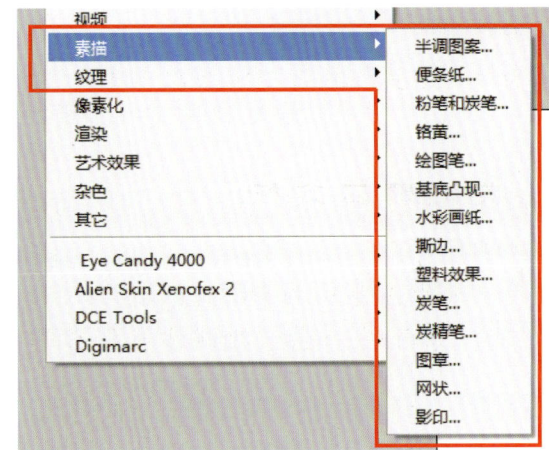

图 4-18　　　　　　　　　　　　　图 4-19

（2）Photoshop CS5 以上的版本的滤镜面，如图 4-20、4-21 所示。

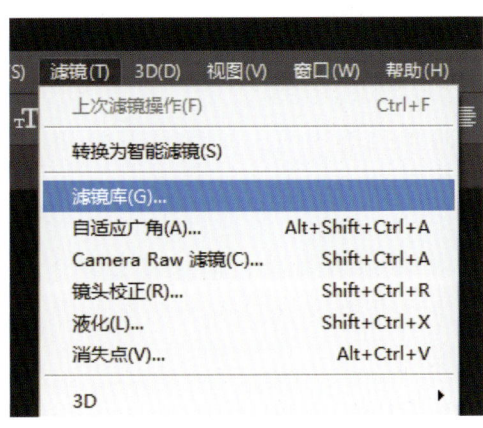

图 4-20　　　　　　　　　　　　　图 4-21

【注意】　选择滤镜库会弹出一个面板，在这个面板中可以选择到旧版本的一些滤镜，在滤镜的右边可以做出一些参数设置，界面如图 4-22 所示。细节：图像的细节数量值越高细节越多，最高值为 10。值越低细节越少，为 0 的时候，就剩下一个平面色块。平滑度：把图像做柔化处理，最高值为 10，最小值为 0。当值为 10 的时候，图片会比较柔和顺滑，为 0 的时候相对粗糙，但是相应的细节更多。

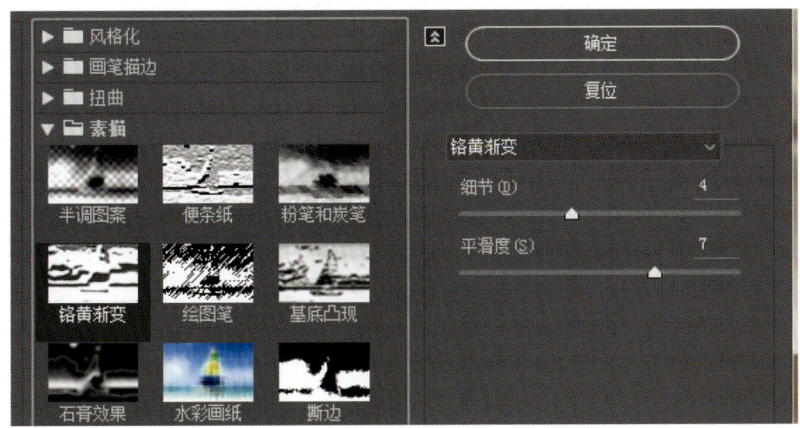

图 4-22

详细解题步骤：

（1）新建文件。新建大小为283*283像素，颜色模式为RGB的颜色模式文件，参数设置效果如图4-23所示，注意这里题目要求新建的文件是有大小规定的，所以一定要看清楚。

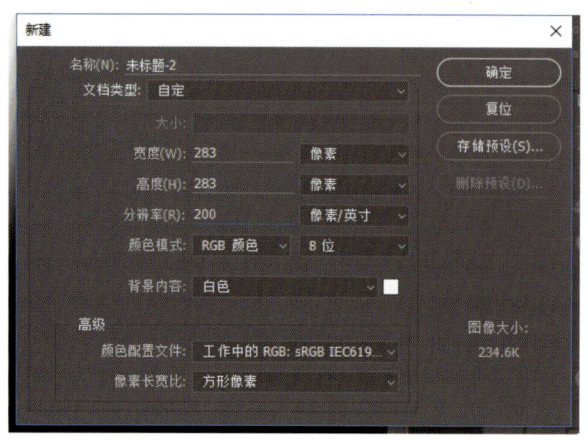

图 4-23

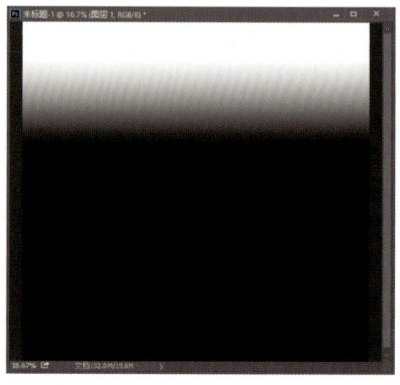

图 4-24

（2）新建图层1。填充由白色到黑色的渐变，效果如图4-24所示。按住Shift键拖动可以将渐变的方向限制在垂直或者水平方向上。渐变的颜色决定着后面形成的星形的形状。白色的部分是最后形成的星形的中心部分，而灰色部分则是星形的边缘轮廓。

（3）为图层1添加波浪滤镜。波浪滤镜可以为图形添加多种波动扭曲效果。图4-25为原始的整齐的图片，添加后效果如图4-26所示，产生了类似波浪的扭曲变形效果。详细步骤：选中图层1，然后执行：滤镜---扭曲---波浪。这里注意波浪滤镜里面的参数设置：波长命令主要代表着最后面形成的星形的边数，波幅决定边缘的虚实，类型是形成的图形的种类。按照如图4-18所示设置的参数，形成的效果如图4-26所示。

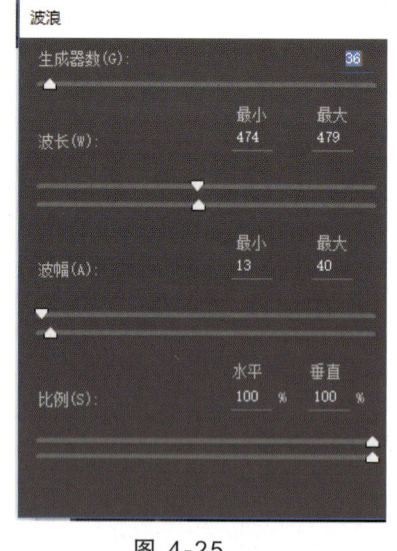

图 4-25

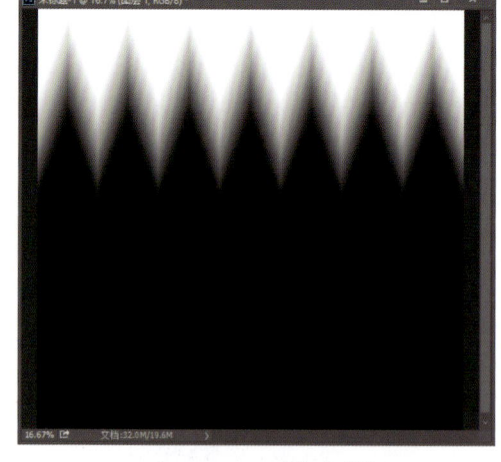

图 4-26

（4）添加极坐标滤镜，效果如图4-27所示。详细步骤：单击滤镜---扭曲---极坐标，注意选择平面坐标到极坐标（因为极坐标到平面坐标会将平面图形展开）。效果应该是有由白色中心到黑色边缘的渐变的星形，这个白色到黑色的渐变决定着最后的图像的质量，所以一定要调节好软件参数。

图 4-27

图 4-28

（5）添加铬黄滤镜，效果如图 4-28 所示。详细步骤：Photoshop CS6 之前的版本：单击滤镜---素描---铬黄。Photoshop CS6 以及 Photoshop CS6 往后的版本：单击滤镜---滤镜库，打开滤镜库面板，选择铬黄渐变滤镜，如图 4-29 所示。

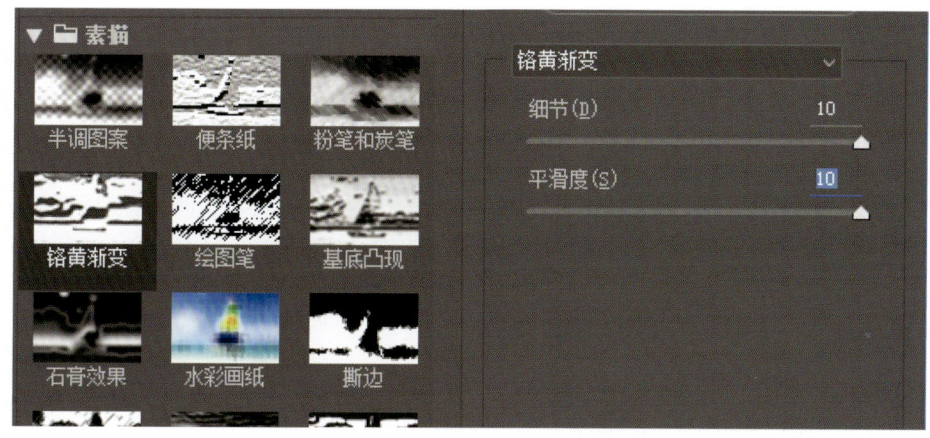
图 4-29

（6）新建"图层 2"，"填充"渐变，效果如图 4-30 所示。详细操作：选择渐变工具，在渐变编辑器中更改渐变方式为色谱（其实就是像彩虹的颜色的那个渐变模式），设置效果如图 4-51 所示。

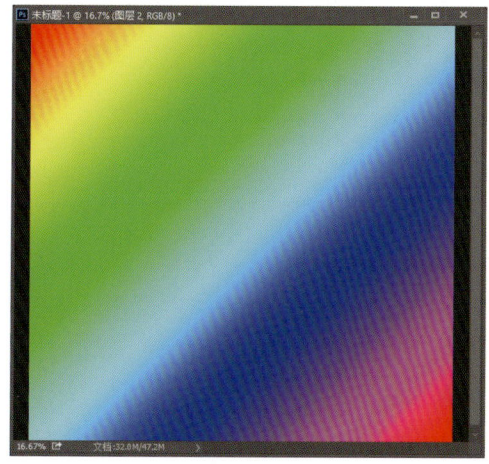
图 4-30

图 4-31

（7）调整图层2混合模式为"颜色"，最终效果如图4-32所示，详细操作如图4-33所示。

图 4-32

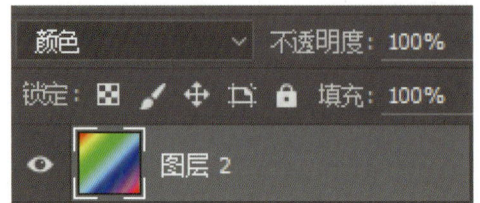

图 4-33

（8）将最终结果按照考试要求保存到相应的文件夹。

建议：滤镜单元的题目尽量背诵操作工程。

三、典型题目分析

其他考试要点注意：关于工具的使用技巧。

习题：3.14第14题，【操作要求】修补图片，如图4-34所示。

（a）原始图片

（b）最终效果图

图 4-34

打开 c:\2007ps\Unit3\Photo.jpg 素材，如图4-34（a）所示。

（1）图像编辑：定义"图像栏杆"区域透视平面。

（2）色彩调整：复制"图像栏杆"区域，去除人物。

（3）效果修饰：报纸图像原有物体的透视关系。

将最终效果以 X3-14.psd 为文件名保存在考生文件夹中。

注：题目摘录自图形图像处理（Photoshop平台）Photoshop CS2试题汇编（图像制作员级）。

详细解题步骤：

（1）打开素材文件（像这种题目要求修复或者改变图片的，考试会提供路径，只需要到相应的位置打开相应的文件就可以了，注意每一个考场的路径都是不一样的）。在处理如图4-34（a）所示原始图片的这类带有透视的场景的图片的时候，如果使用简单的修复画笔的话是没有透视的，修复画笔等类似的工具一般是用在修复人物上，像这种带有透视的图片我们会使用消失点命令。

（2）添加消失点滤镜。详细操作：单击滤镜---消失点命令。使用创建平面工具，在图像中单击四个点帮助你定义参考区域，这里选择栏杆来作为参考，因为在这张图片中栏杆的透视是最容易看得出来的。如果制作出来的网格平面是蓝色的就代表这平面的透视是正确的，PS可以正确识别，如果制作出来的网格平面是红色或者黄色的就代表软件认为你这个透视不够正确，需要定义透视平面，效果如图4-35所示。

图4-35　以上分别为正确和错误

（3）确定好选择的网格没有问题之后，就可以修复或者移除图片内的对象了。在网格内部，选择 印章，按住Alt键可以拾取你要的图像区域，用来修复或者移除图像，同时修复的图像是带有透视的。

注意，在使用印章工具的时候，有一定的技巧:①使用印章的硬度不要太过硬，一般柔和一点，设置如图4-36所示，修复的图像边缘就越柔和，效果就更加自然。②使用印章工具的时候尽量用鼠标点击，不要拖动。修复效果如图4-37所示。

图4-36

（4）在超出栏杆的部分，则需要在湖面上新建多一个参考区域，然后再使用印章工具进行修复。最终效果如图4-38所示。

图4-37　　　　　　　　　　　　图4-38

（5）按照要求保存图像到相应路径。

四、典型题目分析

第一题：制作如图 4-39 所示立体饼状物。

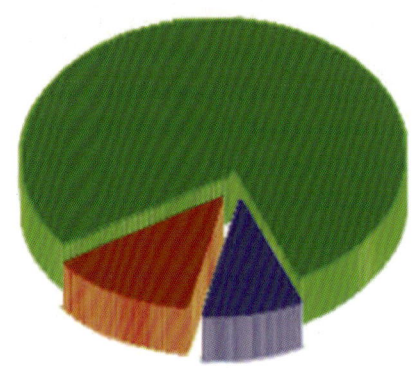

图 4-39

（1）建立选区：建立直径为 230 像素的圆形，制作饼状比例示意图选区。

（2）选区编辑：填充 270°绿色（#0a9204）。50°红色（#a40603）。和 40°蓝色（#1709dc）。

（3）效果装饰：制作立体效果（30 像素高度）。

将最终效果以 x1-1.psd 为文件名保存在考生文件夹中。

详细解题步骤：

（1）新建文件，这道题的题目要求建立直径为 230 像素的圆形，所以文件的大小应该是可以包围住 230 像素的大小，但同时不宜过大。设置效果如图 4-40 所示。

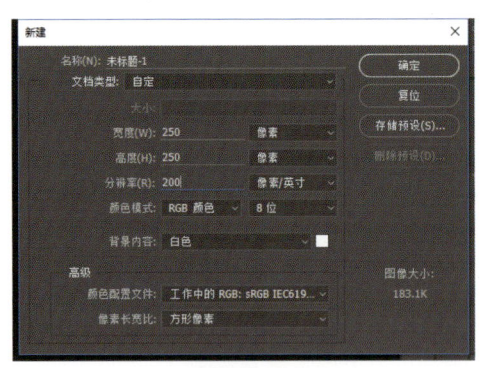

图 4-40

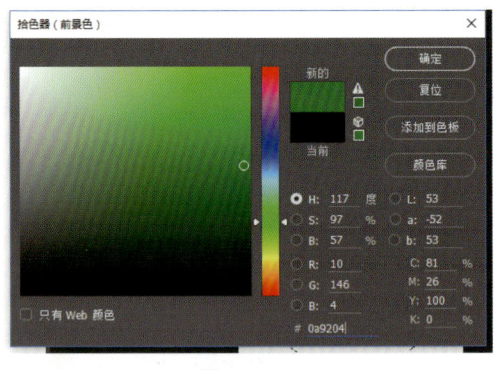

图 4-42

（2）新建图层 1，制作 230 像素的正圆，更改样式为固定大小，就可以制作固定像素的圆形或者椭圆，详细设置如图 4-41 所示。

图 4-41

设置填充颜色为绿色（#0a9204），详细操作如图 4-42 所示。

分别建立垂直和水平两条参考线，并移动直至吸附到中心点。然后使用移动工具移动正圆到中心点，最终效果如图 4-43 所示。

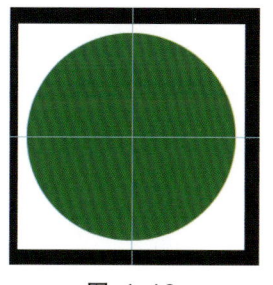

图 4-43

图 4-44

（3）制作准确的蓝色的色块。

① 按 Ctrl+J 键复制图层一并命名为蓝色 1，效果如图 4-44 所示。

② 在蓝色 1 图层中使用矩形选框工具  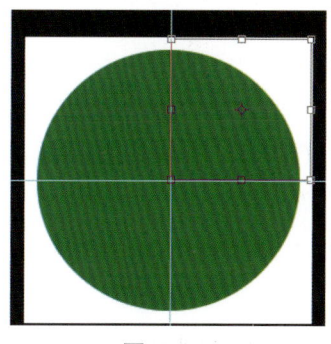，在画布中的圆右上角选中四分之一，然后在有选区的情况下点击 Ctrl+T 键进入自由变换工具，效果如图 4-45 所示。

图 4-45

③ 为了便于观察，先将图层 1 隐藏，然后使用自由变换工具制作准确的角度，进入自由变换工具，先将工具的中心点调整到正圆的中心，也就是两条参考线的相交处，如图 4-46 所示。这个时候，如果你旋转选区会发现圆形不见了一部分，同样道理使用工具属性栏里面的角度（图 4-47）就可以制作出准确的角度了。注意，因为是要做出 40°，所以旋转 40°即可，效果如图 4-48 所示。

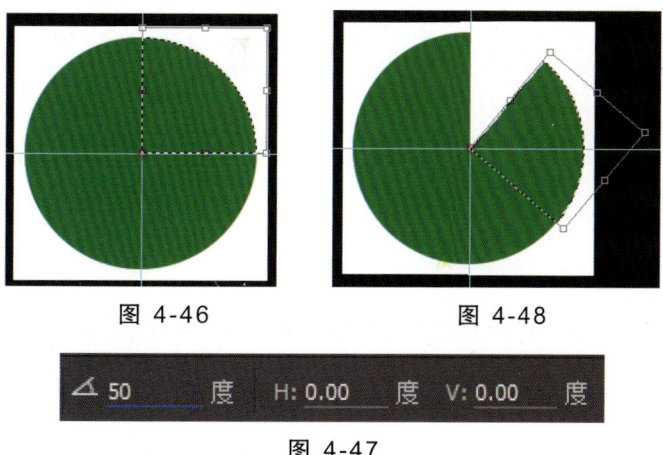

图 4-46　　　　图 4-48

图 4-47

隐藏蓝色 1 图层，显示图层 1。按住 Ctrl 键点选蓝色图层，选中蓝色 1 图层的选区。然后按 Ctrl+Shift+I 组合键反选选区，效果如图 4-49 所示。在图层 1 上面使用 Ctrl+J 键复制图层就可以复制出一个 40°的色块了，将复制出来的图层命名为蓝色色块，然后填充颜色为蓝色（#1709dc） 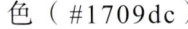，效果如图 4-50 所示。

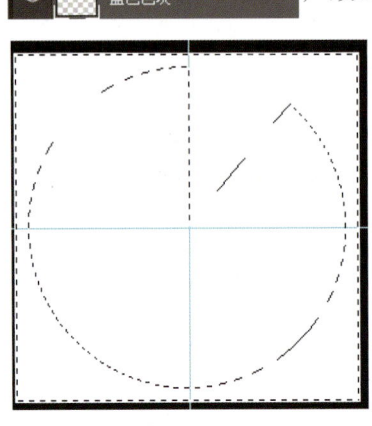
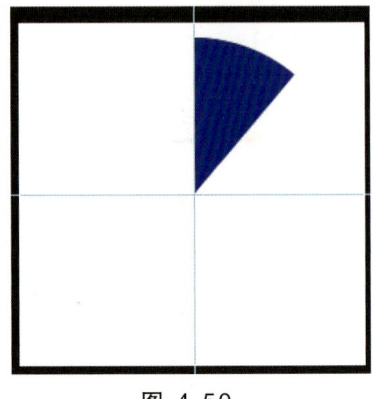

图 4-49　　　　　　　　　　　图 4-50

（4）使用同样的方法制作 50°红色色块。在复制出来的正圆的右下部分使用自由变化工具的旋转功能，旋转 50°，得出 50°的选区，如图 4-51 所示。然后按住 Ctrl 点选选区再反选选区，复制出红色选区图层，并填充红色（#a40603），效果如图 4-52 所示。

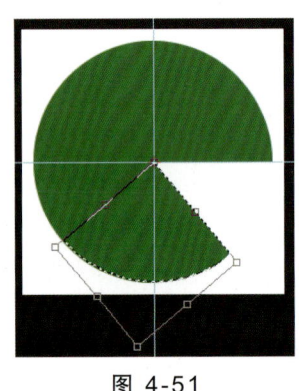

图 4-51　　　　　　　　　　　图 4-52

（5）制作绿色色块部分。复制图层 1 并命名为绿色色块 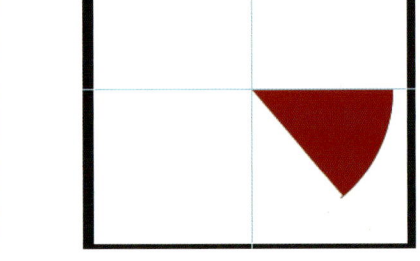，调整图层顺序，如图 4-53 所示，并使用自由变换工具旋转并调整绿色色块和红色色块的位置，并将绿色色块图层的右上角删除，效果如图 4-54 所示。

图 4-53　　　　　　　　　　　图 4-54

（6）完成饼图制作。选中三个色块的图层，使用自由变换工具调整色块的角度，点击回车键确定，同时再次使用自由变换工具压扁图形，效果如图 4-55 所示，使用移动工具拖动单独图层，将色块分离，效果如图 4-56 所示。

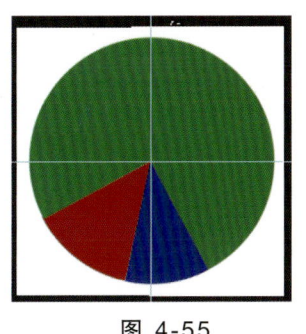

图 4-55　　　　　　　　　　　　　图 4-56

制作饼状图厚度，切换移动工具，使用按住 Alt 键连续按向上方向键，注意每点击一次方向键就会复制出一个图层，每复制一个图层就是 1 个像素单位厚度。题目要求 30 像素的高度也就是要复制 30 个图层。3 个色块同时向上复制累计形成饼状立体图，效果如图 4-57 所示。

（7）微调，这里为题目没有要求的部分，属于加分选项。在图层"拷贝 29"上面添加"色相/饱和度"套装图层，并调整明度等数值让其更贴近参考图片，效果如图 4-58 所示。

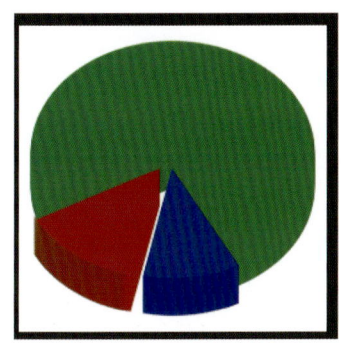
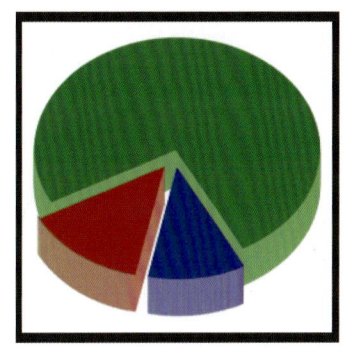

图 4-57　　　　　　　　　　　　　图 4-58

（8）按照要求保存图像到任意位置。

本 章 小 结

本章主要介绍了国内流行的两种有关 Phototshop 软件的考证，其中以国家职业技能鉴定专家委员会举行的国家计算机高新技术考试（简称）为重点，介绍了考证的具体过程，分析典型的题目并指出考试时的各个 Photoshop 版本的不同处。

第五章

Photoshop CC 2015 应用设计作品欣赏

本章导读

本章以应用设计作品为例，通过创意和技术的结合实现了新的图像制作，明白艺术设计的综合性特点，使学习者对 Photoshop 辅助设计有一个新的认识。

学习目标

理解艺术设计的构成要素和意义，分析各种设计的特点和制作过程以证实 Photoshop 的应用价值。

Photoshop CC 2015 应用设计作品欣赏（二维码）

图 5-1、5-2（作者：王正红）设计说明：《桂花系列银制首饰包装》盒型长宽高采用 2:2:1 比例，兼顾系列包装设计中被包装内容多样化尺寸的功能要求和艺术美感的要求；色调上以白色强对比为主色调，产品商标为红色，以彰显其重要性；包装中的图像采用原商品精细化局部表达，从外包装图像上体现其细节艺术美感；包装中的文字设计形式为中等粗框线和手写字体进行组合，体现手工质朴纯粹之意，如《吊坠》，整个包装设计能表达设计内容物的本质风格，形式表现具有较强的现代感。

图 5-3、5-4（作者：王正红）设计说明：图案设计应用领域广泛，借鉴民族元素，融合传统与时尚，装饰性纹样图形设计精美，色调柔和，画面抽象的几何形表意明确。

图 5-5（作者：高昕）设计说明：设计从书籍的内容出发，封面图像元素着重书籍意境的表现。

图 5-6（作者：高昕）设计说明：童年有很多值得回味的地方，躺在床上，仔细想想，充满了乐趣，略带夸张的手法表现了这种状态。

图 5-7（作者：高昕）设计说明：孙悟空形象原画设计在武器和服饰设计参考了古代的侠士，动作借鉴了中国武术造型，设计实现了人神合一，又不失原著角色的特征。

图 5-8（作者：延杨红）设计说明：这幅照片是在艺术采风时所拍，降低了背景亮度，提高了饱和度，调整局部与整体之间的色彩对比，简简单单地表现出夕阳下鸟雀自由飞翔的氛围。

图 5-9（作者：延杨红）设计说明：这幅照片是在艺术采风时所拍城墙的一角，降低整个画面的亮度，增加画面的背景天空的制作，光线暗淡，烘托出落日余晖下的长城沧桑感。

图 5-10（作者：段红均）设计说明：和合谷为中式餐饮连锁专卖店品牌设计，思路来源于大红灯笼。

图 5-11（作者：段红均）设计说明：设计理念来源于母子爱和母子平安，字体和标志拟人化造型，设计表现了该医院的特色，如图 5-11 所示。

图 5-12（作者：段红均）设计说明：绿色蕴涵无限的生机，标志图形体现了企业发展有无限空间的意蕴。

图 5-13（作者：段红均）设计说明：慈心园名茶袋盒包装设计来源于一杯好茶袋能泡好一杯好茶的理念。

图 5-14（作者：段红均）设计说明：包装盒色彩和图案设计融汇传统与现代图案，表现了茶叶的品质。

图 5-15（作者：陈炯和）设计说明：该图建筑风格以古代建筑造型为参考，用木质结构和土墙表面构成房子的外形，屋顶用中式瓦片搭建，形成整体的中国古代街景。为了拉开画面的空间感，采用近实远虚的方式处理近景和远景的关系。

图 5-16（作者：陈炯和）设计说明：该图采用中心扩散构图法，使实现的注意力能集中在牌坊街的铭牌上。为了能更突出牌坊的造型和整体轮廓，采用背光的效果以控制整个画面的光源。

图 5-17（作者：陈炯和）设计说明：该图为了表现夜景效果，构图比较传统，单一的色彩有点诡异的气氛，视觉中心被引到画面之外，整个图光线设计考虑时间因素，给人一种似乎有故事要发生的体会。

图 5-18（作者：刘富鑫）设计说明：大明湖荷花满塘，鸢飞鱼跃，画舫穿行，设计创意来自大明湖印象。设计通过材质的重构，唤起都市观者亲近自然，表现了作者向往自然美景的湖居生活态度。

图 5-19（作者：刘富鑫）设计说明：一处新房子就要建成一个新的自然环境，绿色生活，人与自然亲密相处，图 5-19 招贴设计选择的元素恰好能说明这种理念。

图 5-20（作者：赵文强）设计说明：广告牌位于一个交通关键位置，画面同一个形象的多次重复以加深消费者的影响，起到了促销的作用。

图 5-21（作者：赵文强）设计说明：画面以动感图像设计，既能体现企业文化，又能表现运动的魅力。

图 5-22（作者：赵文强）设计说明：医疗机构形象，画面图像丰富，色彩对比强烈表现了该医疗单位的宗旨。

图 5-23（作者：高晔利）设计说明：借用一些鼠绘的细致，记录生活中片段、零散的语言；画面用简单的软件技能，阐述了对生命的感悟。

图 5-24（作者：陈乃雄　指导老师：刘会军）设计说明：标志的设计借鉴了中国文化中龙的图像，几何形方圆结合。《视觉识别手册》的封面设计以标志的图像为底色，颜色亮丽稳重。

图 5-25（作者：施泽颖　指导老师：刘会军）设计说明：学习设计需要各种积累。初学室内设计，从简单的模型到效果图的设计，能够做到简洁、亮丽的效果非常好！

本 章 小 结

通过设计作品分析和欣赏，举一反三，学习者能明白创意与设计制作的重要性。

思 考 题

1. 艺术创意与设计制作的关系？
2. 如何提升艺术设计水平？

参考文献

[1] 陈念群. 数字媒体创意艺术[M]. 北京：中国广播电视出版社，2006.

[2] 陈鸣. 艺术传播教程[M]. 上海：上海大学出版社，2010.

[3] 刘会军，曹路. 简笔画教程[M]. 南京：南京大学出版社，2016.

[4] 水木居士. 中文版 Photoshop CC 208 例[M]. 北京：人民邮电出版社，2014.

[5] 张丕军，杨顺花，周萍萍. 中文版 Photoshop CC 标准教程[M]. 北京：海洋出版社，2014.

[6] 国家职业技能鉴定专家委员会. Photoshop CS2 试题解答[M]. 北京：科学出版社，2011.

[7] 国家职业技能鉴定专家委员会. Photoshop CS2 试题汇编[M]. 北京：科学出版社，2011.